歴史と農書に学ぶ

日本農法の心土

まわし・ならし・合わせ

徳永光俊
Mitsutoshi TOKUNAGA

農文協

はじめに

本書のタイトルについて

「心土」という言葉は聞きなれないかもしれない。土壌学の用語で、耕作された作土の下層の土のことを指し、江戸時代の農書でも「心土」「真土」（たとえば「日本農書全集」第二四巻三二八頁など　農山漁村文化協会、以下農文協と略す）と出てくる。

『東京から農業が消えた日』（二〇〇〇　草思社）というショッキングなタイトルの本がある。東京都で戦後初の農業改良普及員になった薄井清が書いている。消費者は、戦後すぐの食糧難の中、「腹」を満たすものなら何でも食べた。高度経済成長で次第に豊かになり、ある程度満腹になってくると、「口」に入れて味のよいもの、さらには、「目」でみて見栄えの良いものへと移ってきた。ところが有吉佐和子の『複合汚染』（一九七九　新潮社）で農薬使用が問題になると、「頭」で安全と判断できるものへと変化した。有機農業や産直運動を生み出し、現在まで続いている。

腹→口→目→頭と、食べる身体の場所は変わりながらも、商工業を軸とした経済成長を国家的目標として歩み、国際分業論に基づく食糧輸入政策の下、食糧自給率は一貫して減少し、今やカロリーベース総合自給率は二〇一七年度で三八％にまで低下した。何だかんだ言っても輸入で何とかなってきたではないか、という安心感。このような中、近いうちに「日本から農業が消える日」が来ないとも限らない。

「頭」の次に来るものは何だろうか。薄井は、「心」をあげている。腹→口→目→頭の身体と農業が結びつく「身土不二」（山下惣一『身土不二の探究』一九九八　創森社）だけではなく、生産者と消費者がさらに心を通い合わす、自然と人間、とりわけ「こころ」（情・心）と一体となった「心土不二」の時代が来ているのではなかろうか。本書を『日本農法の心土』と名付けるゆえんである。

本書に先行した前二著の概要

私は、本書に先行する著作として、農文協の「人間選書」で、『日本農法の水脈―作りまわしと作りならし―』（一九九六）と『日本農法の天道―現代農業と江戸農書―』（二〇〇〇）の二冊を上梓してきた。『日本農法の水脈』においては、当時刊行が進んでいた「日本農書全集」全七二巻の紹介を兼ねながら、江戸期の日本農書の特徴がどのようなものかを述べた。そこでは、「まわし」と「ならし」の原理が働いていることを強調した。そして、守田志郎の『農業にとって技術とはなにか』（一九七六　東洋経済新報社）の解説を再録し、守田農法論の再発見を促した。

『日本農法の天道』においては、日本全国の名人たちを訪ねそのコツをお聞きしながら、自然と農家が一体となって、生産＝生活の循環農法を行ってきたこと、その淵源は江戸農書にあることを明らかにした。さらには戦前の朝鮮農業試験場の高橋甲四郎の足跡を追い、飯沼二郎の農業革命論を検討しながら、日本農学の今後のあり方を歴史的に考えた。そして、二一世紀には「農法革命」とでもいうべき、大きな転換が起こることを示唆した。

本書のねらい

本書の主たる課題は、守田志郎の農法論をいかにして発展させ、これからの二一世紀の日本農業の方向性を指し示すかである。一九七〇年代に活躍した守田志郎は今や忘れられた農業史家であり、思想家である。一九九〇年代後半から二〇〇〇年代にかけて復刊された農文協の人間選書で読めるだけである。それから二〇年以上が過ぎ去った。「心土不二」の時代だからこそ、今再び、守田志郎の農法論が甦るべきだと考える。

私は四〇年以上にわたり守田志郎にこだわり続けてきた。それは私が守田の著作の解説を書いた中で、守田の次の二つの言葉の意味が読み解けなかったからである。「『農業にとって技術とは』という設題に向けて、農法に概念として『技術』は無いという、すれちがいの答えを用意することはできる」（『農業にとって技術とはなにか』一九七六　東洋経済新報社。一九九四　農文協人間選書版　二五〇頁）、「主観的とか客観的とかいうことをぎりぎりにつめていくと、その両方がいつしか重なってくるものです。……部落を考えるときのたいせつな点も、つめていえばこの主観と客観の重なりあいにある」（『小農はなぜ強いか』一九七五　農文協。二〇〇二　人間選書版　一六一頁）。本書は、この二つの疑問への回答であり、忘れられた守田農法論を二一世紀に復権させようとするものである。

そして、守田の農法論を軸として、私が長年研究してきた大和農法と江戸農書に基づきながら、日本農法の原理と歴史的展開、今後の展望を指し示そうとするものである。

本書の概要

本書の第Ⅰ部「二一世紀の日本農法を考える」では、守田農法論の概略を紹介し、これまでの農法論研究をふり返る。最近の有機農業・自然農法と不耕起栽培を検討しながら、守田農法論の理論的発展をめざしている。風土技法と養育技術、狭義の農法と広義の農法、農法の基層としての主客合一、作りまわしから生きまわしの循環などの考え方を新たに提案している。そして結論として日本農法の基本原理〈まわし・ならし・合わせ〉と歴史的展開〈天然農法→人工農法→天工農法〉、二一世紀の農法革命を述べる。

第Ⅱ部「江戸農書に見る日本農法」では、第Ⅰ部での日本農法の原理と歴史的展開を、同じ東海地域の江戸初期から末期まで連続する四つの農書で実証していく。さらには広く全国の農書を読み解きながら、「天・地・人」の関係がどのように変わっていくかを見る。最後に、『日本農書全集』が刊行されることで活発化してきた最近の農書研究についてコメントする。そして、江戸農書は「在地の農書」であることを提案する。

第Ⅲ部の「農業史研究つれづれ」では、私がこの間書いてきた書評や解説などを再録しながら、中近世から現代までの農業史研究とその周辺の歩みを概観する。さらには、京都大学農史講座初代教授の黒正巖博士から始まり、脈々と受け継がれてきた京都の農史研究について、私が四〇年以上にわたりお世話を続けている関西農業史研究会で薫陶を受けた諸先生を中心に紹介する。

二〇一九年一月　　徳永光俊

目次

第Ⅰ部

二一世紀の日本農法を考える

——守田志郎の農法論を軸にして

第一章　守田志郎を読む

はじめに

私と守田志郎との出会いは、今から四〇年以上も前になる。大学院に入った一九七六年頃。大学近くの本屋さんで、『農業は農業である』（一九七一　農文協）など農家向けの本が六〇〇〇円くらいの安価でずらっと並んでいた。何とまあようけ書きよんなと、少々馬鹿にしていたことを思い出す。農業史をやるんだからと、『米の百年』（一九六六　御茶の水書房）、『二宮尊徳』（一九七五　朝日新聞社）、『農業にとって技術とはなにか』（一九七六　東洋経済新報社）の三冊を買ったのみで、現状批判の本は買わず、しかもその三冊もツン読のままであった。

その後、大和農法の研究で学位論文を書き始めた一九八八年頃、田畑輪換の作付方式や裏作のソラマメ栽培の意味を考えあぐねていた時、守田の本で「作りまわし」の言葉に出会い驚いた。また、江戸農書の研究も同時にしていたが、連作や忌地についての農書の「返す」「嫌ふ」という、これまで誰も強調していなかった表現を、守田はすでに指摘していた。

ひょっとして、こりゃすごい学者なんじゃないやろか？　当時出版されていた著作はすべて買い求めて、再読三読するようになった。すでに守田ブームは過ぎていたが、私は守田農法論にはまっていった。気付くのが遅すぎたけど……。

それから三〇年以上にわたり、守田にこだわり続けてきた。それは私が守田の著作の解説を書いた折、次の二つの言葉の意味が当時は読み解けなかったからである。一九九四年、「『農業にとって技術とは』という設題に向けて、農法に概念として『技術』は無いという、すれちがいの答えを用意することはできる」（『農業にとって技術とはなにか』人間選書版二五〇頁　農文協）。二〇〇二年、「主観的とか客観的とかいうことをぎりぎりにつめていくと、その両方がいつしか重なってくるものです。……部落を考えるときのたいせつな点も、つめていえばこの主観と客観の重なりあいにある」（『小農はなぜ強いか』人間選書版一六一頁　農文協）。

一九七〇年代に活躍した守田は、今や忘れられた農業史家、思想家である。一九九〇年代から二〇〇〇年代にかけて復刊された農文協の人間選書で読めるだけである。農業関係者の間では、「農法」という言葉がよく使われるが、農業技術体系とほぼ同義で使われているといってよい。

守田が農法論において問題にしたかったのは、農業とはそもそも根源的に何なのか、その理念なのであった。しかし、当時の議論において、農業の歴史や現状、地域の比較農法は語られても、守田が問いかけた土との取り組みの暮らし（生産＝生活）における、人のあり方の理念（生命＝「いのち」）

が問題にされることはなかった。まさに「すれちがい」がおきていたのである。守田の言う農法とは、工業にみられる対象化した「概念としての技術」ではなく、生産＝生活＝生命＝「いのち」を一体化させて循環させるものであった。

最初に、守田志郎の農法論の概略を紹介する。『小農はなぜ強いか』（以下『小農』と略称する。一九七五　農文協）の人間選書収録に当たり書いた解説「日本農学の原論として」（二〇〇二）であり、一部修正している。守田農法論に対し、解説を書いた二〇〇二年段階での私の考え方が書かれており、まだこなれていない未整理な部分があることを予め断っておく。現在の私の守田農法論に関する理解は、第Ⅰ部第四章で展開している。

金の学問ではなく鉛の学問

思わぬところで守田志郎に出会うことがある。日本語の中に、「ハタラキバチ」「ホラガイフキ」「ビッタレ」など対人評価を表す方言「性向語彙」がある。ビッタレ、わかるだろうか。不精者のことである。これらを収集し分析した室山敏昭は、常識化した「タテ社会」論を批判して、協調的な横並びの関係を重視する「ヨコ社会」が日本人の根底に今もなお存続していることを明らかにした（『「ヨコ」社会の構造と意味』二〇〇一　和泉書院）。

この方言性向語彙に見られるヨコ性の原理は、「現存の日本の農村について、たしかな実証性をもつ記述と分析をなしとげた守田志郎」（三〇九頁）が言う「部落が約束するものは、最大多数の最大幸福ではなく、全員の中位の幸福なのである」と同義である。そして方言性向語彙は、「成員が日常の労働とつきあいの中で全員の中位の幸福を主体的に実現するための言語的手段であった」（同前）という。

技術史家の中岡哲郎は、守田志郎の『文化の転回』（一九七八　朝日新聞社）の解説で、「新たな思想潮流をひらく」と述べ、『農法』（初版一九七二　農文協）の人間選書収録にあたり（一九八六）、「常識の体系に楔を打ちこんだ思想家」と評価していた。しかし、現在、農業問題を語る人たちの間で、守田志郎は忘れられた農業史家・思想家である。そのような中で唯一評価しているのは、最近「農本主義」を主張している宇根豊らである（最新刊は『農本主義のすすめ』二〇一六　ちくま新書）。

宇根は『百姓学宣言』（二〇一一　農文協）で、「農学者では唯一守田志郎だけがこの技術の災禍に気づいていたのかもしれない」（五一頁）、「戦後の日本の農学者の中で、経済に負けなかった農学者はほとんど見あたらない。私が知っている限りでは、守田志郎がいる」（二〇七頁）と評価している。『愛国心と愛郷心』（二〇一五　農文協）では、「守田は、学者には珍しく、『日本農業』も『農政』も、外から村にもたらされたナショナルな概念だと気づき、百姓の国民化に追い打ちをかけていることを危惧していた人でした」（一〇五頁）と紹介している。

宇根と一緒に活動を行い小農学会（二〇一五年設立）の代表を務める山下惣一は、『小農救国論』

（二〇一四　創森社）で、「農業を『大農』と『小農』に分け、その違いを経営面積や投資額ではなく、『目的』によって区分したのは経済学者の故守田志郎だった。『大農』の目的は『利潤』であり、『小農』は『暮らし』を目的としているというのだ」（二一九頁）と評価している。私が読んだ最近の農業関係の本で、守田志郎を評価しているのは、これくらいである。

農学界での評価は、ごく一部を除き、きわめて低いものにとどまっている。たとえば祖田修『農学原論』（二〇〇〇　岩波書店）では、守田志郎をたんに村社会を積極的に評価しようとした論者の一人であったと指摘するにとどまっている。いまはやりの循環型農業、地域社会論でも引用されることはほとんどない。守田が活躍した当時にあっても守田の主張は、たとえば「反技術、反近代の思想」「自然主義的ロマンチシズムに立った農法論」「ムラ社会の復権」（佐伯尚美『現代農業と農民』一五頁　一九七六　東京大学出版会）と理解され、中島常雄は「守田氏の所論は、戦後において最も体系的な農本的思想の一つではあり得ても、暗い反動的な陰を持つ農本主義とは無縁であろう」（高橋七五三編『論争・日本農業論』六〇頁　一九七五　亜紀書房）と、全面的な否定ではないが農本主義者と評価していた。

守田志郎は、当時から今もなお、「科学としての農学」の立場から「ロマン主義」「農本主義」などと言われてきた。守田の農法論は忘れ去られ、今では農法と農業技術との違いを論じることもなくなった。

守田自身、アカデミズムでの評価を期待していなかったのかもしれない。守田の先生は農業史研究で著名な古島敏雄東京大学教授であった。師の著作集第三巻（一九七四　東京大学出版会）の月報に守田は次のように書いている。「古島氏が打ち立てたものは金の学問としての農業史であり」、「現代にあっても、われも師をはずかしめることなき金の学問をと求めるならば、自分を含めた民衆との絶縁のみがそれを可能にするにちがいない」。「金の……、ではなく鉛の学問を求める私の心境、それが師への順逆いずれを意味するのだろうか」。同様の趣旨を「鉛を志す社会学」で述べている（『学問の方法』一九五頁　一九八〇　農文協）。守田があえて鉛と言った意図は、学問の競争世界からの決別であり、農民たちとより添った学問を選んでいくという宣言であった。

この決意のもとで、「それら大きいことも小さいことも、一つの基本的な間違いの上に起こっているように思う。その間違いのなかに私もあるし、農家の人はおおかたその間違いの被害者なのだろう。そして私は？　私は加害者なのかもしれない」（二頁）という自省の言葉があったことを知っておきたい。この「農家の人も都会にいる私をも包み込んで、被害者や加害者にしてしまっているそのつかみどころのないような〝間違い〟、少しでもそれにさぐりを入れて」（二頁）みたいというのが、『小農』の意図であった。

小農か大農か、強いか弱いか

守田はなぜこのような問いかけを発したのだろう。『小農』が出版された一九七五年当時の農業問題論の中心は、農民層分解論であった。両極分解論と中農標準化論を軸にして展開され、一九七〇年代には「新しい上層農」「小企業農」などの概念が打ち出されていた。これに対して守田は、「起こりもしない農民層分解」の事実を見つめ、「するはずだの農民層分解論」から脱却し、全く別の見方をしようではないかと提案した。

小農というと、すぐ大農ときてしまう。守田のいう小農は、所有・経営規模の大小ではない。「家族が中心になって行っている農業的な生活の全てを意味している」（三一頁）、「農家はみな小農なのである」（三二頁）という。つまり、小農とは生産と生活が一体となった家族労作経営なのである。守田がわざわざ「小農はなぜ強いのか」と問いかけたのは、不毛な農民層分解論を続けるアカデミズムへの批判、皮肉だったのではなかろうか。もちろん、そこにはもっと強い守田の主張が含意されていたが。

「強いか、弱いか」。この言葉も吟味が必要である。「勝ち負けを考えるのは、農業を生活として考えるのではなくて経営として考えることによっているのではないか」（一八頁）。つまり、企業論・経営論の視点からする経営規模の大小、利潤の大小といった数量的比較での優劣、競争世界とは、農業は本来的に無縁なのである。「農業はだまくらかして買いとったりかすめ取ったりという、いいかげんなものではないのである」（三四頁）。農業には競争の原動力になるようなものがなく、農家は資本家にならないのである。

それでは、「小農はなぜ強いのか」。小農である農家こそ、人間の本来的な生産と生活の姿だからである。「農家が農業の生活を続けるかぎり、小農として持っている人間の値打ちは失われない」（三四頁）のである。守田の主張は明快であった。

こうして守田は、私たちが陥っている常識の罠を次々に打ち砕いていく。「専業か、兼業か」。農家の循環的な生活というものはそもそもが兼業的なものを含めて成り立っているものであり、それをしいて専業か兼業かと区別するのは、農外の役所や学者たちの都合によるものであると断言する。「農家が兼業を必要とするのはごく自然のことでさえある。農家の人たちが、自分の家のなかでやっていた兼業のかわりに外へとその兼業が延長していったようなものでもある」（五五頁）。

「生産物か、収穫物か」。これまた何でもないようだが、実に大きな間違いを生み出している。生産物と言うと、工産物に対する農産物があるかのような錯覚に陥る。工場での物の作られ方と同じように、畑や田でも物が作られる。だから「商品」としては同一であり、「生産費」を計算することが可能であると考えてしまう。こうして、いつのまにか生活としての農業本来の姿を、都会の、工業の原理に染め変えてしまうのである。

「作るか、できるか」。はたまた「こわす・ころすか、育てるか」。私たちが知らず知らずに身に付けてしまっている常識を覆していく中で、守田は核心に迫っていく。工業と農業の本質的な差異を明らかにしていく。今では農業の機械化は当たり前のこととなっている。工場の機械は物を作るのだから、畑や田で動く機械もまた物を作るのが当然だ。これが都市の人間の観念にあるものである。「『育てる』という論理の農業のなかに『こわす』『ころす』という工業の論理つまり都市の論理」（一〇九頁）が割り込み侵食しているのである。しかし、よくよく考えてみればわかることである。米は自ずとできるのである。「主人公は農家のひとと土と植物と動物」（九四頁）である。

以上が、一つの問題を除いて、『小農』の前半で展開されている内容である。『農法』人間選書版（一九八六）の解説で中岡哲郎は、守田を「常識の体系に楔を打ちこんだ思想家」と評した。『小農』において、私たちの農業に対する常識の「間違い」を一つ一つ解き明かしていく過程を読んでいくと、中岡の評はまことに言い得て妙である。

自然農法・有機農業という錯誤

さてここで、『小農』の前半で紹介しなかったもうひとつの問題について考えてみよう。『小農』の冒頭の「自然と生産と人間」のテーマである。みなさんはどんな答を用意するだろうか。一九七五年の当時、自然を守るものとしての農業の役割がしきりに言われ出し、はやりはじめた福岡正信らの自然農法に対する守田志郎の意見を聞いてみることにしよう。

「自然農法は、自然の中に身を沈めるという考え方のように思う」（一〇頁）。こうした考え方が出てきた背景には、地球環境問題の出現がある。一九七〇年代後半より工業・都市の論理による自然を「こわす・ころす」過程があまりに進んだことへの反省があったろう。さらには、人間と自然の一体性を強調する日本的な思想がよけいに自然農法への共感を呼んだように思える。自然を守るための農業という見方が急速に流布していく。そのためには、人間は手をかけず自然にすべてを任せる自然農法がベストだと思われてくる。

しかし、考えてもみよ。そもそも農業とは自然からはみ出そうとする人間の営みなのであり、決して自然への埋没ではない。「一つ一つの植物や動物の持つ成長と繁殖という自然の営み、そういう植物や動物が互いに持ち合う循環の関係など、自然自身の法則を、人間が自分を軸に上手にくり返させていく、それが農業なのだ」「自然の中に沈んでいるわけではなく、自然の営みと、それら相互間の循環の中で、自分を軸にしてそれらをよどみなく回転させることによって、人間は人間らしく生きていくことができる」（一一頁）。自然に埋没し人間の役割を無視してしまうことは、それまでの人間中心主義の行きすぎに対する「反」でしかなく、メダルの裏表である。

「たいせつなのは、それを目のかたきにすることではなくて、化学肥料や農薬で自然の営みと循環をぶちこわさないということだと思う。別な言い方をすれば、化学工業製品の使用が、自然の自己回復力を越えないように、ということである」（一二頁）。これは、「反」ではなく第三のあり方としての「超」なのである。自然循環のバランスを崩さないような鉱工業のあり方を、都市に求めるということなのである。

「有機農業」についても、「自然農法」が自然に埋没する裏返しの錯覚と同じことが見られるという。農業は、有機物の植物を栽培し、田や畑の土壌中の有機物の助けをかりて行われているという意味で、すべて有機農業といってよいのである。これをことさら有機農業といえば、化学肥料農業があたかも無機農業であるかのような錯覚を生んでしまう。また今では、堆肥などの有機物を耕地に入れればハイ有機農業、という見方が一般的になってしまった。おかしな話である。「作物は自分で自分のめんどうを見る」ことの延長として、人間の農業の営みがあったはずが、人間が作物のめんどうを見るかのごとく錯覚にはまってしまっている（以上は一一六～七頁）。これまた人間中心主義なのである。

だんだんと守田の言わんとするところがイメージされてきたのではなかろうか。守田の農業論の真髄は、農法における循環論である。『小農』の後半は、守田農法論の到達点を示していよう。じっくりと読んで頂きたいものである。

守田は一九七〇年の「西ヨーロッパ農業感覚旅行」（『農業は農業である』四頁　一九七一　農文協）を契機とし、学問的転回を示す。そして、『小農』（一九七五）および、『農業にとって技術とはなにか』（一九七六）で、一つのまとまった農法論を提示した（以上の歩みについては、『農業にとって技術とはなにか』一九九四　人間選書版の私の解説を参照していただきたい）。

それでは『小農』において守田が新たに展開したポイントは何だろうか。「残根」である。根の作用のうち「残根のはたらき」に気づき、「土は作物が作る」という当たり前の、しかし見逃されやすい事実を循環的な農法論に組み込んだ点である。根は養分や水の吸収を行い、土壌の団粒構造づくりにも寄与するが、残根自身が腐植となって次の作物の肥料になるということである（一一七～九頁）。有機質の堆肥を施すことをはじめとして農業の営みそのものが、残根の働きの延長にすぎないということが見えてくる。この見方に基づき、当時流行していた自然農法や有機農業に対する批判が行われているのである。

循環の結び目としての村

農業的循環のありようを説きあかす後半部は、『小農』の白眉である。「土は作物が作る」で、今まで誰もが見落としていた残根の機能を説明し、「作りまわし、畑から田へのひろがり」で、耕地での作物相互間の循環を歴史的に紹介する。それまでの水田中心史観を批判するくだりなど、痛快千万、目からウロコだ。「農家ならではの循環」では、「還元産物」という言葉を造語しながら、ワラを例に農業的循環の具体相を述べる。循環からはみ出したものが人間の食べ物であり、「食糧自給論」が都会からの発想、逆立ちした議論であることを暴露する。最後に「自然の環〝部落〟」において、入会地を例に耕地と耕地以外の要素との循環を紹介し、農家の生産と暮らしの循環を含めて三つの循環が結びつくことによって、農業的循環が成り立っているとまとめている。そして、「部落はこの三つの環の回転を結びつける軸のようでもあるし、三つの環を包み込んでいる器のようでもある」（一八四頁）と、村の役割を強調する。

私は奈良盆地の農業史を研究し作付方式について思案していたとき、本書の「作りまわし」の部分を読み、いっぺんに視界が開けてきたことを今も鮮やかに思い出す。奈良盆地では、蚕豆のことを「大和豆」と呼ぶくらい毎年どこかの裏作で作られていたが、その意味についてはわからなかった。『小農』一三七〜八頁にズバリ答があった。

「まわし」という言葉も、農家からはよく聞いていた。しかし、作付方式やローテーションについて書いた本はあっても、「まわし」という表現で作付方式について書いた本は一冊もなかった。私が求めていた農業史研究の方法にやっと巡り会えたのだ。江戸時代の農書をひもとくと、「田まわし」「手まわし」「水まわし」など、次々と「まわし」のつく言葉を拾っていくことができた。「心のまわし」さえある（本書八八頁）。日本列島の農業的循環の歴史を実感した。

思い出話はさておき、いくつか注意してほしい点を述べておこう。二〇〇〇年頃に強調されていたリサイクルシステムというのは、単に耕地や自然界での物質やエネルギー、生態系のリサイクル世界とだけ皮相的にとらえられたものではなかろうか。守田のいう循環は、繰り返しとなるが、作物相互の循環、耕地と耕地以外の家畜や入会地などとの循環、農家の暮らしと生産との循環、それらが村という器の中で循環の輪を作っているのである。循環的農法論はすなわち農村論なのである。

農村からはみ出た人たちが集った都市とは、当然のことながら違う原理で成り立っている。農業は「育てる」に対し、工業は「こわす・ころす」である。農業には競争がないが、工業は競争の原理で成り立つと前に紹介した。

この点を当時から守田の理解者であり、守田の考え方を独自に展開した原田津は、「私はむらと都市は、その原理を異にする社会だと考えています。……むらは扶助と義務で成り立つ自立の社会であり、都市は権利と管理で成り立つ分業の社会だと、私は実感しています。……原理の異なる社会は、『すみわけ』をした方がよいと思います。すみわけて、互いにその相違を納得したうえではじめて、相互のアイデンティティが生まれます。お互いを『同じ人間だ』などというリアリティのない独断でくくってしまうと、そこには差別や蔑視が生まれます」（『むらの原理　都市の原理』一頁　一九九七　農文協、初版は一九八三　泰流社）と主張する。暮らしの根源的な枠組みがそもそも違うのに、それを同一視する。これこそが、守田がまえがきで言っていた「基本的間違い」なのである。

都市の人間の食べ物についても、私たちは、「基本的間違い」を犯している。農業的循環の結果として都市の人間の食べ物があるのに、目的としてあるかのように主張し「食糧自給」を唱える。「環境保全」にしても然り。意識的に結果と目的のとり違えをしているのだろう。原田津は言う。「農の営みというものを、歴史をさかのぼって原理的につめていくと、結局、『つくって食べて余ったら分けてあげる』ということに行きつくと思う。（中略）食は、このような農の営みがないところに成立しない。農の営みをしない者は、分け与えられた食べもので暮らしを成り立たせている。それを自立（自給）とはいい難いとしても、分け与えられるという関係によって農と繋がっている。繋がっていることで、食の原理は農の原理に包摂されている」（『食の原理　農の原理』一〜二頁　一九九七　農文協）。

やはり原理は大切にしたいものである。でなければ間違った常識から脱け出せない。具体的で適切な方法や政策も生まれようがない。『小農』は、食と農の原理、農村と都市の原理の基本線を明らかにしたものといえよう。

日本農業はなぜ〝弱い〟か

こんな問いかけをしてみたくなる昨今である。小農は強い強いと強弁してみても、もはや日本の農家数は解説を書いた当時の二〇〇二年で三〇〇万戸割れを目前にしていた。『小農』が出版された一九七五年から四半世紀がたち、一八〇万戸強、四割弱の減少である（なお、二〇一五年で総農家戸数は二〇九万七千戸に減少）。しかし、環境問題を契機に農業への関心は高まっているという。今や農業が環境保全のためにあるというのは常識化してきている。相変わらず「間違い」のレールに乗ったままなのである。ここで、『小農』では十分に展開されていないが、さりげなく書かれた次の言葉に注目したい。「私がたいせつにしたいのは、農家の人たちが、こうした国家のさげすみに乗せられないようにすること、そしてそれを拒むこと、のほうなのである。私は、農家の人たちが、このさげすみに乗せられていると思う」（五七頁）。

専業・兼業論などに見られる農外の人たちからする農業、農村、農家に対する「国家的さげすみ」である。別の著書にこうある。「日本民族のなかに根底に農業をいやしむ感覚があるのではないか」、「勉強のできるやつは、農外にだそう。そういう感覚が骨のずい、真底あるみたいである」、「小農というものの社会的地位を最低のところに位置づける。あらゆる体制のなかで、農民というものをそういうふうな敷き石としてしまうような習慣がつくり上げられた」（『農家と語る農業論』一〇八、一一〇頁　一九七四　農文協）。

いきなりこう言われてもピンと来ないかもしれない。一つ具体例を紹介しよう。二宮金次郎と言えば、勤倹力行の人として誰しも知っていよう。守田の『二宮尊徳』（一九七五　朝日新聞社）を開いてみる。「二十代のころ、並みの百姓と異質の小世界をみずからつくってそこにこもり、やがて何十年かの後半生をかけて百姓と自分の間に完全な距離をつくりあげることに成功した尊徳は、その出発点にあって、『並みの百姓』とともに『農耕の世界』をもあとにしてきたのである」（二六六頁）。「並みの百姓」「農耕の世界」、つまり小農世界は貨幣をもとめないゆるやかな働きの流れであるが、尊徳仕法はそれを急流のような都会のマネーフローの世界に変えようとした。農耕の暮らしをする百姓を対象とした尊徳仕法が、大名や商人など農耕と無縁の人たちによって歓迎され活用されたのもむべなるかなである。農業、農村を対象化することによって、並みの百姓世界との「隙間」が出来ていく。対象化がすすむと、やがて百姓世界から離脱していく。「仕事に精出す百姓の姿に感動したり同情したり、あるいはその百姓を褒めてみたくなったりしたとき、そのひとは耕すこととも無縁になっている」（九五頁）。

農村からはみ出た者たちの農業賛美の根底に流れるものが農業蔑視であることを、守田はなんと二宮尊徳を例に明らかにしていく。今までの道徳主義とは全く異なる尊徳像が示され、驚くばかりである。同書は、尊徳の農業蔑視観を明らかにした初めてのものであろう。

日本農業はなぜ弱いか。答がここにある。最初から強くする気などさらさらないのである。農業や農村、農家は、結局のところ工業や都会のための労働力や原料、食糧の供給源としてのみ大切にされてきたといってよかろう。そして、国家の食糧自給のための農業、安全な食糧供給のための農業、そして、今や自然環境を守るための農業といった見方を農家に強制していく。村からはみ出した都会の人たちは甘言を弄して、自然を守るための農業などと役割を設定し、農家を農業専業に縛りつけようとしてきたのである。守田は、農本主義や農業賛美論の欺瞞性を遺憾なく暴き出す。『小農』を素直な気持ちで読み進めば、守田を、「新農本主義者」などとレッテルばりすることがいかに的外れかがわかるだろう。

「食料・農業・農村基本法」（一九九九）に日本国家の農業・農村蔑視が如実にあらわれている。この基本法では第一章総則の二〜五条に新法の四つの基本理念を掲げているが、その順番は次のとおりである。①食料の安定供給の確保、②環境保全などの多面的機能の発揮、③農業の持続的発展、④農村の振興。

官僚的周到さで考え抜かれたと思われるこの順番には、明らかに前二者が目的で、後二者がそれを実現するための手段だという政策意図が隠されていることに留意する必要がある。かつて「農業基本法」（一九六〇）にはまがりなりにもあった農業、農村、農家のためといった理念をかなぐり捨て、新基本法は都会の消費者のために農業、農村が存在していることを宣言した。

私たちは、農村からはみ出た者たちの農業に対する賛美の裏にある国家的さげすみ、農業蔑視を見抜けなかった。守田は農業に関する常識を根底から覆してしまう。

それでは農家にとって必要なのは何だろうか。「拒む」ことである。「拒絶理念の形成」（『学問の方法』一七七頁）が必要だとする。しかし、農家が拒絶できないように都会、資本の側は催眠術をかけていく。「遅れた農業・農村」「都会並み」「大型化・産地化」「進歩・成長」……。やがて農家は目くらましにあい、自己喪失していく。

私は加害者なのかもしれない

守田志郎が常識の体系に打ち込んだ楔は、深く鋭い。しかし、彼とて最初から楔を持っていたわけではない。守田に「衝撃の告白」と呼ばれるものがある。(玉城哲他『むらは現代に生かせるか』一七五頁　一九七九　農文協)。一九七二年、守田はある研究会でこう述べた。「部落を解くてがかりは歴史学の中にはないようでさえある。歴史によって今日の部落を考えようとした私は、そのゆえに多くの時間を空費して来たようでもある。……日本における部落を、生きている化石として見る迷妄にとざされている間の私は、いくたび部落を訪れてみても、部落について何事も知ることはできなかったように思う。そして、ようやく筆をとることができるようになったとき、どうやら私は農業史の研究者としての自分を捨てることができたように思う」(『部落』一九七二　農政調査委員会　のち『小さい部落』一九七三、『日本の村』Ⅳ頁　一九七八　朝日新聞社)。

古島敏雄門下の俊秀であった守田が、農業史家をやめたことによって現在の農村の歴史性が見えてきたとはどういうことだろうか。実は現状の存在としての農村を理解するはずの農村社会学に対しても、それ以前に発言をしているのである(『村落組織と農協』一九六七　家の光協会、農文協人間選書版『むらがあって農協がある』二二四頁　一九九四)。農業経済学や農学への不信、批判は『小農』

で見るとおりである。それでは、守田は既存のアカデミズムに対しどのような不信を持ち、はたして対案を提示しえたのであろうか。

『小農』に一つの答がある。循環の農業の破壊を「すすめてきた農業の外の人たち（私を含めて）は、自分がしてきたことの意味をふりかえって、よく考えもし、これからの発言や行動にそれをあらわさなくてはならないのだと思います。なにしろ加害者なのですから。そして被害者は農家のひとたちなのです」（八六頁）。

加害者性の自覚、反省を抜きにしたアカデミズムへの不信である。客観主義の名のもとに、加害者性を問おうとしない学問態度への批判である。当事者性といった一般論ではなく、農村からはみ出した者としての加害者性。

それでは、ごめんなさいと謝れば済むのか。農家を回って彼らの言うことをすべて聞けばよいのか。私は農家の味方です！　農家と一緒に汗を流せばよいのか。農業はすばらしい！　私は農家出身だから、農家の気持ちが痛いほどよくわかります。私もわずかながら土地を耕しています。——こうした安直な態度は、客観主義を裏返した主観主義にすぎまい。加害者性に変わりはない。

「衝撃の告白」をした報告で、もう一つ重要な点がある。当時において日本農村を分析するうえで主流を占めていた大塚久雄の共同体理論には、「日本」が吹っ飛んで消えてしまっているのではないかという指摘である（『日本の村』第二章）。

「外国とりわけ西ヨーロッパの共同体に依拠して組立てられた共同体の法則を、そのまま日本にもちこんで適用できないからといって、日本の状態がまちがっているので、つまり部落の一刻も早い解体を、などというよく見られる発言には、資本の求めにだけ応じた法則適用という結果になりそうなものを感じるのである。外国の共同体の歴史からの抽象によって得られた法則を日本にもちこんでも使えないのだとすればそれもしかたがない。その助けをかりることをひとまずあきらめて、日本の共同体なる部落そのもののなかに法則性を見いだすことをやってみるよりほかにあるまい」（二〇五頁）。

欧米学問の概念を借用して事足れり、日本の現実に根ざそうとせず、加害者性に無自覚なアカデミズムの体制に対する、自らもそうであったことも含めての仮借なき批判である。

「日本」が吹っ飛ばない農学

守田志郎は、『小農』に次いで最後の著書となった『農業にとって技術とはなにか』（一九七六）で、新たな概念を提起した。「対象化の度合い」である。もちろん、これは技術を論じる際の話である。技術とは、人が何かを作るにあたって、物を自由に選んだり質や量を変えたりして、対象化の度合いを進展させた時に成立するものである。つまり、技術は工業の概念なのである。

もし、N・P・Kの単肥主義や稲作機械化一貫体系などによる農業技術の形成があるとすれば、それは先ほどから紹介している農業的循環を破壊したところに成立したものといえよう。各々の要素を分断することによってしか、対象化を進展させることはできないのだから。

農法には概念としての技術はないのである。「農法は、土とのとり組みの暮しにおける人のあり方の理念でもある。人の欲望を土に向けて放ち、そこに超ええない則を体験的にさとることによって人の存在の永劫を得ようとするのであろう」（『農業にとって技術とはなにか』人間選書版二四九頁）。農法とは農家自身が対象と合一化したものと言うべきか。

よく名人と呼ばれる農家は、「作物と話ができる」という。これこそが農法には対象化の契機がないということであろう。自然に埋没するのではない。自然と一体化するといってもよいが、守田の言う農業的循環における「はまり合い（嵌合）」という表現が一番ピッタリくる。人が超ええない則をさとりながら農法の流れにはまってしまうのである。原田津は、このはまり具合を、「育てる人間とその対象物であるイネや牛やスギとのあいだに往き来するある種の交歓」（傍点徳永、以下同）と表現し、西洋化する以前の日本の伝統的な「日常文化の根底には受容のこころがある」と指摘している（『むらの原理　都市の原理』一六五頁　一九九七　農文協）。

相手は作物とは限らない。人であってもよかろう。暮らしとしての農法が循環するのも、人と人が対象化ではなく、つまり個の自立や近代的自我の確立ではなく、イエやムラという器の中で合一化できるからではないか。作りまわしから手まわし・世まわしの世界である。

「対象との合一化」、実はこれが守田の「鉛の学問」の方法として磨こうとしていた概念だったように思える。農村からはみ出した加害者として、農村の対象化ではなく、合一化の学問的方法を開発しようとしたのではないか。残念ながら開発しきれないまま一九七七年九月、帰らぬ人となった。

『小農』にこんなくだりがある。「主観的とか客観的とかいうことをぎりぎりにつめていくと、その両方がいつしか重なってくるものです。……部落を考えるときのたいせつな点も、つめていえばこの主観と客観の重なりあいにある」（一六一頁）。「主観と客観の重なりあい」と守田は言った。「鉛の社会学」では、「対象とする社会に身をおくことによって全体をみる、とでもいおうか。あるいは対象とする社会に身をおくことによって知りうることを全体とする、ということかもしれない。つまり主観主義のようなものである」。「主観的に考え、とらえたものを観念化するというのでは、もはや科学としての、学問の要件を充分にそう失したことになりそうであり、その金の学問から見くだせば、自ら求めるまでもなく鉛の社会学ということになろうか」（『学問の方法』一八九、一九五頁）とまとめている。

こなれた言葉でなく哲学的な用語になってしまい恐縮だが、「主客の合一化」とでも表現しよう。しかし、言うは易く、行うは難しである。守田の苦悩の言葉がある。

「どのお宅におじゃましても調査といった調子の質問はしたくない。……なにかの知識を得ようと思って農家におじゃまするということは、何年も前から私はやめにしてしまった。……ただ、そのときどき、私の心の中に滲み込んでくるように感じるものがあったり、痛いと感じたりするとき、それをまぎらわさないように大事にしたいと思い、耐えつづけたいと思うのである」（『村の生活誌』一九七五　中公新書　人間選書版『むらの生活誌』一二六頁　一九九四）。

これこそまさに相手の対象化でなく、相手との合一化ではないか。「耐える」。農村なるがゆえにそなえている知に二つある。一つは、小国寡民の知であり、もう一つは、我慢の知である。つまり耐えることの知である（『日本の村』一六二頁）。

ここで江戸農書に対する守田の指摘を紹介しよう。「真に農耕するものは、自らの農耕の暮しのことを容易に書き残すことをしない。……農法を唱えたり記したりする者があるとすれば、その意識の強さの分だけ、その人の日常と並みの農耕との間に間隙のあることを示している……多くの農書は、よく見れば指導書の意識で書かれていることがわかる」（『農業にとって技術とはなにか』人間選書版一九八～九頁）。並みの農耕を対象化しはじめたとき、やがて農業から離れて指導者に、農村から離れ都会で支配者へと加害者性を深めていく。「農耕への指図」が始まる。先ほど紹介した二宮尊徳の場合が好例である。

仙台近くの二郷村の「ある農村の歴史・古代から現代まで」（一九七七年一月稿　『文化の転回』一九七八　朝日新聞社　所収）では、藩の開発の論理が農村の暮らしの論理を崩していくさまを描いていく。遺稿ともいえる「登呂」（一九七七年八月稿　同前書）では、農民の生活を切断しながら権力によって水田開発がすすめられていく状況をミステリー風に描いていく。このように見てくると、農業史家を捨てたと告白した守田ではあったが、実は「主客合一」の方法により、鉛としての新たな農業史学を創造しようとしていたのではなかろうか。

ここに二冊の『農学原論』がある。一つは柏祐賢のもの（一九六二　養賢堂）。テーヤ、チューネン、ゴルツ、アーレボー、ブリンクマン。やはり「日本」が吹っ飛んでいる。もう一つは祖田修（一

○○○　岩波書店）。ボルノー、デューイ、シュンペーター、そして三木清。果して「日本」は吹っ飛んでいないか。

室田武は『農業は農業である』の人間選書版（一九八七）の解説で、同書に「農学の古典として」の位置づけを与えた。私は守田の一連の著作を、「日本」を吹っ飛ばさない「日本農学の原論として」読もうと呼びかけたい。

農家ならではの呼吸

道なりに　道なりに　その道を造った人なりの
逆らってはいけない　合わさってもならない
体を左右に軽く揺らすとよい
（中略）
それなりに　それなりに　大きな答えが出た時は
考えてはいけない　どだいムリなことだ
すべて忘れてケモノになるだけ
すべてを流して水になるしかない

これは井上陽水の歌「手引きのようなもの」（一九九七）の一節である（日本音楽著作権協会（出）

許諾〇二〇〇九八三―二〇一号）。聞いていて、何かしら心が安まってくる。現在まで農業を続けている農家の心底にあるものは、体を左右に軽く揺らしながらも先祖代々からの「道なりに」といったものではないかと思える。大産地化や大規模化など大きな答を求めてきた農家たちが十年後、二十年後にどうなったか。これからも農業をやり続ける農家の心情は、大きな答を求めず「それなりに」ではなかろうか。日本列島から「道なりに」「それなりに」の農家が消えることはあるまい。

「道なりに」「それなりに」を守田風に言えば、「農家の人がやっていることはなにか。私風にいえば、それは待つことなのである。もっといえば、それは耐えながら待つことなのである」（『農法』人間選書版　二三五頁）。「作物や家畜の、生産と繁殖の過程での自然のいとなみや大小のうねりの中に身を置いて『待つ』ことのできる体質（中略）『待つ』ことを静かに耐え、乱れのない呼吸を続ける、それができる人によってのみ農業というものが存在しうるのである」（同前二四〇頁）。

そして「待つ」間、自ずと生まれてくる自然な気持こそ、〈カミ〉への祈りであった。「道なりに」「それなりに」息し続けてきた農家を、根底から支え守ってきたのは、〈カミ〉であった（徳永『日本農法の天道』二〇〇〇）。

ふっと、江戸中期の思想家安藤昌益の言葉が浮かんでくる。「転定（＝天地）ノ呼息ハ人ノ吸息ナリ、人ノ呼息ハ転定ノ吸息ナリ」（『安藤昌益全集』第一一巻一四四頁　一九八五　農文協）。天地とわが身は、互いに息しあいながら生き活きと「直耕」しているのである。まさに、守田の言う農家そのものではないか。主客合一であるこの意味においてこそ、農家は「直耕」しているのである。守田は、農家こそ人間本来の生産と生活の姿であると述べたが、実は日本列島に住み暮らしてきた住民たちの伝統的な生き方だったのである。作りまわし・手まわし・世まわしの世界は、わが身の内のまわしと天のまわしに包摂されている。

「いま、根を失って宙に浮きつつあるかのこの日本の社会の状態を思うとき、地に腰をすえて暮らし、そして生産をするその場としての村落の存在は、いわば民族の錘としての大切なものを持っているのだと感じる」(『学問の方法』一三二頁)。

かくて日本農法論・小農論は、日本社会論・文化論となる。

本書をはじめとする守田の一連の著作は、「手引きのようなもの」である。ただし、守田は農業を守るためにこれこれの政策をということを一切提言しなかった。ただ、ケモノ、水になるための基本的な原理、新たな日本農学の原論の方向性を提示しただけである。金の輝きではなく、鉛の重たさを持って。

ああなんだ　釣りをする時の手引きのつもりが
ああまるで　君といる時の私ではないか

加害者としての自省から鉛の学問を目ざした守田志郎の農学は、被害者としての農家にそっと寄り添う。

原田津さんを偲んで

ここで少しばかり思い出を記すことをお許しいただきたい。農文協から出版された守田志郎の本を編集していたのは、原田津さん（一九三二〜二〇一三）であった。ご葬儀（二〇一三年一月一九日）に参列できなかったので、以下のとおり追悼文をしたため、棺に入れていただいた。

ご逝去にあたり、謹んでご冥福をお祈りいたします。
初めてお会いしたのは、一九九〇年一二月九日、東京・根津の田仲旅館でした。第Ⅱ期の「日本農書全集」を編集するため、佐藤常雄筑波大学教授、江藤彰彦久留米大学教授、そして私が編集委員となり、農文協から繁田与助さん、本谷英基さんがご一緒でした。一言で言うなら、「何とまあ皮肉屋さんかいな」というのが第一印象でした。それから二、三か月に一回の編集会議のたびに、同席するようになりました。東京だけでなく京都や博多でも。「なかなか鋭いおっさんやな」に変わってきました。編集委員会が終われば、酒です。私も強いと自負していますが、原田さんはほとんど食べずに飲むだけでした。でも酒の相性が合いました。談論風発、皮肉連発、丁々発止、楽しかったですね。最後の編集会議は、二〇〇〇年九月ですので、一〇年近くこの会議でお付き合いさせて頂きました。『農業は農業である』（一九七一　農文協）をはじめとして数多くの守田志郎の著作を編集した原田さんには、さらに酒を飲みながら教えを乞うことになりました。編集者としての顔だけでなく、数十年にもわたって農家の現場を歩いてこられた農事評論家としての見識、蘊蓄を（たとえば『日本の農家』一九七七　三一書房、『農人群像』一九七九　家の光協会、『土があって私がある』一九八二　家の光協会など）、ちょうど二〇歳年下になる私ごとき若造に傾けて下さいました。一九九三年四月には薄井清さんと町田で御一緒させていただきました。

「作りまわし」、「作りならし」をキーワードに、一九九六年『日本農法の水脈』、二〇〇〇年『日本農法の天道』を農文協より出版させていただきましたが、大変喜んでいただきました。私にとって大学以外で二人目の「先生」と呼べる存在でした（一人目は奈良女子大学付属中・高校の鈴木良先生（後に立命館大学教授）、同編『城と川のある町―大和郡山市歴史散歩―』一九八八　文理閣）。原田さん、もう遅いんやけど、私を原田さんの弟子として認めてやってください。「とくながさーん、それはちょ、ちょっと」と、言われそうな気がしますが。ありがとうございました。

写真1　博多での「日本農書全集」編集会議にて。右から二人目が原田さん（1999. 2. 20）

第Ⅱ期「日本農書全集」全三七巻が終わってからは、第Ⅲ期をめざして時折集まることがありましたが、それよりも私の東京出張の折に、ＪＲ渋谷駅ガード下の「さつまや」で飲むことが多くなりました。編集部の金成政博さんもよくご一緒しました。年に二、三回はお会いしましたか。京都から電話で長時間話し込むこともありました。二〇〇一年六月には伊那の農家である渋谷甲子男さん（『伊那谷の四季』一九八六　農文協）を訪ねて温泉旅行をしました。二〇〇三年四月には鹿児島大学での日本農業史学会のついでに、鶴丸城址で桜の花見をしましたね。そして何よりうれしかったのは、二〇〇五年七月一〇日に原田さんご夫妻を京都・鴨川の床料理にご招待できたことです。生憎の雨で室内になり「涙雨か」なんて言っていましたが、覚えていらっしゃいますか。けっこうアソビもしましたね。

二〇〇六年頃よりは私が大学の仕事で忙しくなって、原田さんも二〇〇六年に農文協をおやめになったし、お会いする機会が年に一、二回に減りました。原田さんは胃や腸の手術などをされて、しんどかったようです。それでもお電話すれば、必ず「さつまや」で会っていただき、楽しく酒を酌み交わしました。無理言うてて、すいません。娘さんや奥様の監視つきの時もありました。二〇一二年一一月六日、東京出張でいきなりお電話すると、「悪いけど自宅に来てよ」と言われてびっくりしました。代官町のご自宅を訪ねて、猫ちゃんが出迎えてくれました。奥様とご一緒に、またまた酒を飲みながら語り合いました。その時が原田さんにお会いした最後となりましたが、楽しそうに酒を飲む様子がまざまざと思い出されます。ほんまにあつかましかったけど、お会いしておいてよかったとつくづく思います。原田さんのお姿が瞼にはっきりと残っているんです。

私は原田さんにかねがね、守田志郎の学問をさらに発展させますよと生意気を言っていました。「徳永さんの高らかな宣言、守田志郎を継ぎ発展させる学者の誕生を、編集者というより、守田さんをホンモノの学者として尊敬してきたひとりとして、心から嬉しく思います。」（一九九三年九月三〇日付ハガキ）と、励まして下さいました。

原田さんの一九九七年の『むらの原理　都市の原理』、『食の原理　農の原理』の二冊が原田農業論の総括であり、二〇〇六年の『農家再訪』（いずれも農文協）が原田さんの現場主義のまとめです。私はそれらを学びながら、「日本農学原論」を私のライフワークとして早いうちにまとめて、彼岸の原田さんにご報告したいと思います。「それできんの、とくながさーんしか、いないんだよね、早くやんなきゃ」と、いつも励ましてくれていましたね。私の不甲斐なさのために、生前には間に合わなかったことをお詫びします。ごめんなさい。

重ねて、ご冥福をお祈りいたします。

合掌

第二章　これまでの農法論から考える

1　加用信文の発展段階論と飯沼二郎の地域類型論

私は、一九九九年から七年間、中国、韓国の農業史研究者と東アジア農業史に関する共同研究を行った。この共同研究の間は、時間的な早い遅いの違いはあるにせよ、稲作を軸とした東アジア農業の地域的同質性を強く意識していた。しかし、研究会の仲間とともに東アジア各地の農村を訪問してみると、各地域の異質性も意識するようになった。このズレをどのように整合的に理解すればよいのか、大いに迷い袋小路にはまってしまった。

これまでの日本における農法史研究には、大きく二つの流れがあった。一つは、加用信文に代表されるもので（『日本農法論』（一九七四　御茶の水書房）や『農法史序説』（一九九六　御茶の水書房））、農法とは生産力＝技術的視点から見た農業の生産様式のことであり、地力維持再生産と雑草防除による不断の生産力発展と生産関係（農産物・土地・労働）との矛盾によって、農法は変革されていく。農法は、焼畑式→三圃式→穀草式→輪栽式と発展していき、これは世界史的な発展段階論的な法則であるとされた。日本農法は中世・近世は水田・畑とも主穀式（一圃・二圃式）であり、近代にも変わらず、外部からの金肥の多投、浅耕の、遅れた封建農業と規定された。

加用農法論への批判は全くといっていいほど見られないが、栢植徳雄はイギリス農業史と現状を分析して、加用の業績を評価しつつも、「工業における生産技術発展のアナロジーで農業における生産技術の発展を捉えようとしているが、輪栽式農法の導入の基礎となった条播機・中耕除草機は作業機の導入レベルに限定されており、一九世紀においては蒸気力に基づく動力機は農業ではほとんど普及を見なかった」（『西欧資本主義諸国の共生農業システム』一四七頁　二〇一〇　農林統計協会）、「農法発展の歴史的普遍性が強調される結果、アジアの水田農法の田畑輪換による高度化という、行き過ぎた結論を導くことになっている」（一四八頁）と、労働手段を重視した見方を批判している。

私の恩師である飯沼二郎は、『農業革命論』（一九五六　一九六七　一九八七　未来社）や『風土と歴史』（一九七〇　岩波新書）において、加用の発展段階論に対し、真っ向から批判した。雨量と平均気温からなる風土を重視し、世界を休閑保水、中耕保水、休閑除草、中耕除草の四農業地帯に区分する地域類型論を提案した。各地域は異なる発展をすることを強調した。農業革命とは異質な技術が馴化される過程であり、たとえばヨーロッパでは労働粗放化が本来の休閑農業に、それに反する労働集約的な中耕技術が導入されて、飛躍的な生産力発展が実現されるとした。日本では、福岡農法

（ノーフォーク農法）・耕地整理法（囲込法）により農業革命が実現したと考えた。しかし、この見方は風土決定論として批判され、ほとんど認められなかった。

従来は両者の見方の異質性が強調されてきたが、両者はいずれも一九五〇〜七〇年代に研究をしてきた時代性ゆえに、「近代化」という問題意識では共通していた。明治維新がブルジョア革命かどうかの論争になぞらえれば、加用は近代化されずに遅れたままの日本であり、飯沼は農業革命によって近代化されたと考えたのである。

雑誌『農業協同組合』誌上で「論争・現代農法論」特集が組まれ、一九七四年二月号から一九七五年二月号まで一三名の研究者の見解が連載され、その後三回総括討論が行われた。加用、飯沼らが登場し、守田は第一回に「農業の循環は農家生活の循環─障碍となる多頭化・企業化の論理─」を主張している。守田は「近代化」とは、都会で作られた工業の理念であり、生産における自然的循環の阻止と回帰の論理の破壊であると述べている。そして必要なことはこうした近代化＝工業化への「拒絶の理念」、そして特殊日本的な農業学と農業技術への「拒絶の理念」の形成であり、替わってかつての農民の知恵にある「作りまわし」にこそ農法の精髄があると述べた。しかしこうした主張に対して、総括討論においては「非科学的な回帰論に終わらせてはいけない」と批判が述べられ、守田農法論は理解されなかった。その後の研究においては、磯辺俊彦の「農法変革論」が注目される（『共の思想』二〇〇〇　日本経済評論社、『むらと農法変革』二〇一〇　東京農大出版会、『歴史と風土を考える』一九九三　私家版）。

2　田中耕司の「個体・群落」論

ここで全く別の視点からの農法論を紹介する。二〇一〇年四月一七日に開かれた田中耕司の京都大学退官に伴うシンポジウムにおける、「比較農法史研究に『個体・群落』の農法の視点は有効か」の報告をもとに述べる。

田中の四〇年近くの研究は、大きく次の四つにまとめられる。一つは、飯沼二郎のもとで行った江戸農書の研究であり、とくに陰陽論・雌雄説について展開した。学部・大学院で所属していた作物学研究室では、日本やアジアの作付体系の研究を行い、長年の勤務先であった京都大学東南アジア研究所では、アジア地域研究を主導した。最後に、渡部忠世京大名誉教授が始めた農耕文化振興会などにおいて、総合的な農学・地域学の構築をめざした。私は一九七七年以来現在まで続けている関西農業史研究会で、月一回親しく議論を交わしてきた。

さて、田中のいう個体・群落農法とはどのようなものであろうか。最初のアイデアは、金沢夏樹との対談「アジア農業を見る眼」で示され（金沢『変貌するアジアの農業と農民』所収、一九九二　東京大学出版会）、その後しばらくして「穀作農耕における『個体』と『群落』の農法」（『農耕の技術と文化』第二四号　二〇〇一）、「根栽農耕と稲作―『個体』の農法の視点から―」（『イモとヒト』二〇〇三　平凡社）でまとめられた。

「個体」農法とは、東・東南アジアの水田稲作に代表されるものであり、一本一本、一株一株を子供を育てるように養育するものであり、個体の収量増大を目指す。ちょうど京都大学農学部農史講座の初代教授黒正巌が述べた、「農民は、……恰も我が子を育成するかの如くに生産に従事するのである。……自己の耕作せる田畑の作柄を見て自己の子供の生長をたのしむが如くに自らをたのしみ、その生産物に愛着を有する」(『黒正巌著作集』第七巻一五〇頁　二〇〇二　思文閣出版）という育て方である。そのため、作物の擬人化がすすみ、雌雄説が生まれる。

目的とする部位への執着が見られ、個体への観察・集約的管理技術が発達する。それは、たとえば日本の近代農学にも影響を与え、個体の各部位をいかに大きくするかという生育調節法、収量成立解析法といったものを生み出した。田中は、サウアーの『農業の起源』(原著一九五二、翻訳一九六〇　古今書院）に拠りながら、この個体農法がイモなどの根栽農耕（栄養体繁殖）から生まれ、種子農耕へと展開したのではないかと推測している。

一方の「群落」農法は、西ヨーロッパの畑の麦作が代表的で、群落（個体群）全体として見るので、播種量に対する収穫率の増大を目指す。輪作・休閑などにより耕地全体の生産量を高めるという方向を取る。近代農学は自ずと、播種量による群落密度の調節、耕地の肥沃度の向上、要素分析的科学となっていく。西アジアの麦作の種子農耕を起源とする。

戦前から戦後にかけて行われた技術論論争に関し、私に論評できる能力はないが、農業技術に限れば、大谷省三が一九四六年に労働対象的技術を重視して述べた「技術とは、人間の環境把握における実践的方法である」（『自作農論・技術論』一九七三　農文協）に共感している。また栗原浩が述べた、風土的認識とは、作物が風土を受け容れながら、その喜び悲しさを微妙に〈かたち〉に表現していると捉え、全一体として統合された生きた系（システム）と見るものである。環境的認識はそれと違って、人間中心に自然を客観的なものとして科学的に要素分析的に見るものであるとの説明（『風土と環境』一九八八　農文協）に、親近感を覚えている。

田中の「個体・群落農法」は、それまでの水・土（地力）・農具・肥料などの生産要素、およびその地力維持体系や雑草防除体系といったシステムからだけではなく、農民の風土・作物認識や農業観といった主体の側から比較農法論を展開した初めての議論として、高く評価できる。大谷の技術認識、栗原のいう風土的認識の具体化である。

現在の田中は、時間的な作付順序より空間・地域重視の作付体系論を展開している。東・東南アジアでは、耕地の条件や経営主体の利用可能な労働力・資源調達力に応じて自由に作物を選択し、それを自由に栽培して年間の作付強度を可能な限り高めていく自由式の多毛作体系が展開していたとする。一方、ヨーロッパでは主要作物の作付順序に一定の規制が働いている輪栽式であった（「作付体系研究から日本農業の永続性を考える」『日本農業の永続性をめぐって』二〇〇九）。

ここでも農家主体の側から見ていこうとする姿勢は保持されているが、果して個体農法の見方は自由式の多毛作体系でも生きているのだろうか。土地利用率を高めるというのは、群落農法の見方ではないのか。

ここで、一つ見方を変えてみよう。田中の場合、個体農法＝アジア・稲・水田・中耕除草地帯、群落農法＝ヨーロッパ・麦・畑・休閑除草地帯という図式で考えられていた。こうした二分法的比較農法・文明論は、はるか以前から続いている。たとえば戦前の有名な和辻哲郎の風土論をはじめとして、先ほど紹介した発展段階論的な加用信文、地域類型論的な飯沼二郎にしても、進んだ西ヨーロッパ、遅れた東アジアという対比的認識は保持されていた。

ところで、アジアでの稲と麦の二毛作、水田と畑の輪換、イタリア・アメリカで見られる水田稲作はどのように見ればいいのであろうか。中国の華北第一次農耕であるアワ・キビの畑作は群落農法で、華南第二次農耕の稲作は個体農法なのであろうか。つまり、二分法的見方から脱却して、群落農法から個体農法へ転換、群落と個体の結合した農法、どちらでもない農法などは考えてみる必要があるのではないだろうか。

日本の場合を考えてみよう。江戸農書では数量的認識に関し、個体に注目した一株苗数や一株穂数もあるが、群落的視点である苗代での一坪当り播種量、本田での一反当り苗数なども必ずといっていいほど書かれている。つまり、日本の場合、個体農法的側面が強いことは確かだが、群落農法的側面も併せ持っているのである。西ヨーロッパの場合は推測でしかないが、その逆なのではないだろうか。類型的な二分法的把握は、便利ではあるが落とし穴もある。

農業慣行の重要性を強調した松尾大五郎は、稲作診断する場合、個体診断に力点を置きつつ集団診断にもふれている。そして、農業慣行の特徴として自然発生的性質、一種の平衡体、固定的ではなく可変的性質の三点を指摘している（『稲作Ｉ診断編』一九五〇　養賢堂）。関西農業史研究会の仲間で長年肥料会社に勤めて現場を回ってきた重久正次さんは、農家がイネの葉色を観察する時は、早朝か夕方に自分の田んぼからかなり離れて、まずは群落として観察する。それから自分の田んぼに入り、個々のイネ株を個体観察すると言われている。そうやってスイッチのオン・オフの切り替えをしているのであり、「稲も見るが、田んぼも見る」のが現場の農家なのではないだろうか。

イネの側からすれば、もちろん個体としても存在しているが、田んぼの中で群落としても存在している二重的存在なのであり、そのどちらも農家に見て欲しいと願っているのである。そうしたイネの声が農家に耳に届くのである。

いずれにしても、田中の個体・群落農法の視点は、農家サイドから作物、農業を見ていこうとする点で大変有効であり、守田の言う農民の経験的知恵から学ぶという姿勢と共通する。さらには作付体系論は、守田の「作りまわし」と同じである。

3　「在来」と「外来」のかかわり

ここで少し視点を変えて、農業を含めて「在来」と「外来」から考えてみよう。明治期の産業構造をめぐって、海野福寿「外来と在来」（『技術の社会史』３　一九八二　有斐閣）は、日本の明治期における輸入技術と在来技術の接触には三つの型があり、①全面輸入型―軍事工業　紡績業など機械・設備・原料すべてを輸入し、移植される。在来の社会環境条件を無視破壊、植民地的再編、外来が在来を取り込む場合もある。②折衷型―製糸業　在来技術を前提、輸入技術を部分的に利用し独創的・折衷的に結合する。③拒絶型―農業　輸入技術が旧来の社会的条件となじまず、定着せず拒絶されるとした。

飯田賢一『風土と技術と文化』（一九八四　そしえて）は、日本技術史を三段階に分け、①知恵としての技術の時代―古代から一八五〇年代（安政年間）まで　②伝統技術から洋式技術への移行の時代―一八五〇年代から一九一〇年代まで　③科学的技術の時代―一九一〇年代から現在までとした。そして近代日本の技術を切り拓いた先駆者たちの技術思想である土着性（民族性）・学際性・国際性を強調した。これは、海野が言う②折衷型といってよかろう。

最近の技術史研究の到達点である中岡哲郎『日本近代技術の形成―〈伝統〉と〈近代〉のダイナミクス』（二〇〇六　朝日新聞出版）では、イギリス・アメリカにも在来と外来の問題があり、発展途上国にもある。日本は、移植産業（インフラと生産の流れの上流）と在来産業（下流）が生産の流れの中で結合し相互補完的　生産の流れの中で在来技術と移植技術が接するところでは絶えず矛盾が生まれるが、その矛盾を次々と解決してゆくことで、発展を生み出すとする。つまり、明治期の産業構造は、海野の研究でいえば「折衷型」に近い形であったのである。

さらに中岡は、「日本の文化的伝統のなかには、海の向こうから来る珍しいもの美しいものに好奇の目をみはり、次にそれを自分で作ろうとする姿勢が体質化されているのではないだろうか。そして、それが幕末に西からきた『近代』の衝撃に、日本の『在来』が圧倒されるのではなく、アクティブに反応し、独自の発展を開始することを可能にさせたのではないか……その体質は、あきらかに日本の地理的条件に支えられて、古代から形成されてきたものだ」(『近代技術の日本的展開』五頁　二〇一三　朝日新聞出版)という。

これと似たことを全く分野が違う美術史の専門家が述べている。宮島新一は、日本美術はたえず外国の影響を受けながら完全に同化することがなく(『二万年の日本絵画史』三頁　二〇一一　青史出版)、日本美術の目標は「優美さ」「ほどのよさ」であり、「『自然』と『人工』の間、こうした微妙な味わいを大切にするのが日本文化の独自性ではないだろうか。それは美術に限った話ではない。あらゆる分野に及んでいるはずである」(三五五頁)と述べている。山口晃は、「最初は他所から持ってきた物であっても、こねくり回している内に何か違う物を生み出す力があり、その『こねくりポイント』を見つけ出す力こそが評価されるべきだと思うのです。日本人はこういったヘンなものを取り入れるのが好きなのです」と述べている(『ヘンな日本美術史』九二〜九三頁　二〇一二　祥伝社)。

以上は技術史研究からの「在来」の強調であったが、経済史研究の中村隆英らのグループは、中村『明治大正期の経済』(一九八五　東京大学出版会)、同編『日本の経済発展と在来産業』(一九九七　山川出版社)、阿部武司『日本における産地綿織物業の展開』(一九八九　東京大学出版会)、谷本雅之『日本における在来的経済発展と織物業』(一九九八　名古屋大学出版会)などにより、「在来」的経済発展を強調した。近年の研究において松浦利隆『在来技術改良を支えた近代化』（二〇〇六　岩田書院）は、群馬県下の養蚕業・製糸業・織物業を分析し、新しいシステムや体系創設も在来的なものと近代的なものが相互に混じり合い、刺激し合うなかで、結果として両者ともに変化発展してゆくスパイラルな運動であったとしている。つまり、在来と外来が融合しながらの連続性が主流であったとされているのである。

海野は明治初期の大農農法の移植失敗から伝統的な老農の再評価をもって、「拒絶型」としたのだろう。しかし、私の研究してきた大和農法をみても、事実は「折衷型」ではなかったろうか。明治前期の勧農政策を実証的に検討した國雄行は、「発展的・批判的継承」と評価している（『近代日本と農政』二〇一八　岩田書院）。「折衷型」というより、このように表現するのが妥当であろう。なお、國は、今ではふり返られない戦前の黒正巌（「松方正義公と明治初期の農政」本庄栄治郎編『明治維新経済史研究』一九三〇　改造社）やその弟子であった津下剛の研究（『近代日本農史研究』一九四三　光書房）にまで眼を届かせており、黒正の農史研究を受け継ぐ者としてうれしいことであった。

一つ具体例を紹介する。幕末から明治前期にかけ日本三老農と呼ばれた中村直三は、奈良盆地から始まって全国的な稲品種の交換など農法改良に尽力する。ある絵入りパンフレットには「右条々は一ヶ之空論ニ而は無御座、村毎ニ一両人又ハ三五人経験せしを聞探り、長短を取捨し的証あるを奉申上候」と、述べている。大多数の農民たちが旧慣を墨守しているとき、こうして外来の新しい改良農法を先駆けて試みる一群の農民たち「先駆層」がいたのである。彼ら先駆層は、いったいどこから新しい技術や情報を入手するのだろうか。たとえば奈良盆地中央部の笠形村（現磯城郡田原本町）の一農家の記録をみると、明治三年（一八七〇）に慈恩寺穂、同五年に武蔵穂、七年に大木穂、一一年に蔵堂穂、大豆越穂、吉田穂といった具合で、次から次へと近村の名がついた稲品種が登場する。これらの村々は笠形村より半径五・五キロメートルの範囲内にあり、頻繁に品種交換していたことがわかる。

さらに直三とも交流があって明治二十年代後半に活躍した老農野口小成は、「大和国にて米作改良せんとする人」五四名を挙げて訪ね歩き、経験を交流して老農ネットワークとでもいうべきものを編んでいる。一方では、「農家にして学理に暗きときハ、甚しき誤りに陥ることあり」として、大日本農会や農事報告の記事、当時出版されていた酒匂常明らの農業教科書などから積極的に知識を吸収していた。外来の学理は、老農たちにとって在来の経験に刺激を与えていた。福岡農法の馬耕試験や、寒中の水に籾俵を漬ける寒水浸と塩水で籾の良否を選別する塩水選との比較実験などを繰り返す中で、小成は「米作改良ハ林遠里氏ヲ以もとゝし、并（ならびに）中村直三氏ノ我等経験法ヲ之に次く、尚讃岐国長尾富三郎の経験法ヲ之に次く」と結論づけている。そして奈良県乙部巡回教師として普及に日夜奮闘した。まさに折衷的なのである。

これらを見ると、「在地」での農法が「外来」の情報や知識に刺激を受けて相対化されて「在来」として理解されだし、在地農法の中に都合のいいものが取捨選択されながら、新たな「在地」農法が形成されていく循環的な構造だったのである（徳永『日本農法史研究』一九九九　農文協）。

こうした見方からすると、一九七〇年代にあってはやむをえないことかもしれないが、守田は官と民を対立的に捉えすぎていたのではなかろうか。こうした「反近代」的姿勢を宇根豊は評価している（本書一五〜一六頁）。

4　東アジア農法を考える

さらに農業ではなく、工業に関する興味深い研究を紹介しよう。青木昌彦は、経済システムの多元性を認め、歴史的経路依存性を強調している（『経済システムの進化と多元性』一九九五　東洋経済新報社）。藤本隆宏は、生産するに際し根本にあるアーキテクチャー（設計思想）によって、各地域のもの造り哲学を比較している（『日本のもの造り哲学』二〇〇四　日本経済新聞社、藤本他『ものづくり経営学』二〇〇七　光文社新書）。彼によれば、製品アーキテクチャーの基本タイプは大きく二つに分かれる。

一つは「組み合わせ」型（モジュラー型）であり、機能完結部品を標準インターフェースでつなげるものであり、既存部品の寄せ集めでも、製品全体が機能を発揮するように出来ている。ステレオやパソコンをイメージするとわかりやすい。もう一つは、「擦り合わせ」型（インテグラル型）であり、製品ごとに部品を相互調整してカスタム設計（最適設計）する。製品全体の機能発揮のためには、各部品の最適設計が必要となる。トヨタの自動車生産を思い浮かべるとよい。

さらに藤本らのグループが比較研究したところによれば、歴史や初期条件の違いにより特定の組織能力「得意アーキテクチャー」が国ごとに地政学的に偏在していることがわかった。たとえば、日本：統合力→擦り合わせ製品（オペレーション重視）、欧州：表現力→擦り合わせ製品（デザイン・ブランド重視）のインテグラル型に対し、アメリカ：構想力→モジュラー製品（知識集約的）、韓国：集中力→モジュラー製品（資本集約的）、中国：動員力→モジュラー製品（労働集約的）はモジュラー型となっている。

以上は主に戦後から二〇世紀の工業の話であり、二〇世紀末のアジア通貨危機以降、大きく変わってきている。動員力のモジュラー型の中国などとは今や言えないし、日本とてモジュラー型に変わってきているだろう。

ただここで私が教えられたことは、工業生産におけるアーキテクチャー（設計思想）というモノと人との向き合い方の重要性、東アジア、東アジアと簡単に同一に括ることは出来ないという点である。生物生産の農業にも適応できるか、そして、藤本隆宏らが指摘する日本の工業生産における、かつてのインテグラル型、統合力を活かした摺り合わせ製品の生産というアーキテクチャー（設計思想）は、農業生産にも当てはまるかどうか。資本集約的で集中力重視のモジュラー製品を生産する韓国、労働集約的で動員力重視のモジュラー製品を生産する中国と、東アジア農法ということで一くくりに出来るのだろうかという疑問がわいてくる。

一方で栗原浩は、一九〇〇〜一九三〇年頃の東アジアでの作付方式の展開をまとめており、ほぼ緯度線にそって同一の作付方式が展開しているのがわかる（徳永他編『写真でみる朝鮮半島の農法と農民』一二一頁　二〇〇二　未来社、西尾敏彦編『昭和農業技術史への証言』第五集一三一頁　二〇〇六　農文協）。嵐嘉一による戦前期の日本列島と植民地化の朝鮮半島の主要稲品種の分布図を見ると、これまた緯度線にそって驚くほど似ていることがわかる（『旧朝鮮における日本の農業試験研究の成果』一一四、一一五頁　一九七六　農林統計協会）。東アジアのマクロ的風土のもとでは、作付方式や稲品種が驚くほど似ているのである。

田中耕司は、アジアの稲作類型分布として生態環境から五類型に分け、日本列島から朝鮮半島南部、中国長江からベトナムにかけてを山間盆地稲作とし、河谷低地・盆地扇状地で水を制御した灌漑移植稲作が行われ、労働集約的で生産は安定しているとした（「稲作技術発展の論理—アジア稲作の比較技術論にむけて」『農業史年報』第二号　一九八八）。

この二つの事例と田中の考え方は、どのように理解すればいいのか、先ほどのアーキテクチャーによる類型化と合わせて今後検討をしていきたい。

第三章　最近の農業から考える

1　有機農業・自然農法をめぐって

江戸時代には「害虫」「雑草」という言葉は、農民の間では全くといっていいほど使われていなかった。約七〇〇ほどの江戸農書をおさめた「日本農書全集」全七二巻において、「害虫」が登場するのはただ一箇所なのである（「日本農書全集」別巻　分類索引　二〇〇一）。摂津の小西篤好の「農業余話」（一八二八）に、「糞水を熱土に沃ぎて害虫を生ずる」（第七巻三一七頁）とある。「雑草」は、越中の宮永正運の『私家農業談』（一七八九）に「他の雑草を生すしてよし」（第六巻一六三頁）、飛騨の大坪二市の『農具揃』（一八六五頃）に「畠ケ追々種々の雑草生して作物の妨害をなす」（第二四巻六二頁）の二箇所のみなのである。

そうした状態がガラリと変わるのは、明治になって西欧から近代農学が入ってきてからである。

「明治農書全集」では「病害虫・雑草・農薬」の巻（一九八四　農文協）が立てられ、農民たちに近代農学が浸透してこれらの言葉が当然のように使われるようになってきていることがわかる。小西正泰の解題によれば、江戸時代には害虫の発生は神仏の怒りやたたりによるもの、あるいは気象条件や陰陽の気によっておのずと「湧く」ものと考えられていた。病害にしても、「天災」として恐れ、あきらめるのが常であった。

雑草は、有名な宮崎安貞の『農業全書』（一六九七）にある「上の農人ハ、草のいまだ見えざるに中うちし芸り、中の農人ハ見えて後芸る也。みえて後も芸らざるを下の農人とす」（第一一巻八五頁）といわれたように、精農主義による「草取り」という苦汗的労働に重圧をかけ続けてきた。そのため雑草を除くのに急で、雑草そのものに対する知識は、一般にきわめて乏しかったとのことである。私たちの「病害虫・雑草・農薬」のイメージは、明治以降につくられたものなのである（瀬戸口明久『害虫の誕生』二〇〇九　中公新書）。

しかし、有吉佐和子の『複合汚染』（一九七五　新潮社）により、状況は激変する。農薬の使用が問題となり、減農薬・無農薬の農業が模索されるようになった。有名な愛媛県の福岡正信（『自然農法』一九七六　時事通信社）、奈良県の川口由一（『自然農から　農を超えて』一九九三　野草社）をはじめとして、全国で数多くの実践が行われてきた。

宇根豊らは「自然と農の研究所」をたちあげ、虫見板を活用しながら減農薬の農業をすすめていった（『減農薬のイネつくり―農薬をかけて虫をふやしていないか―』一九八七　農文協、宇根他『減農薬のための田の虫図鑑―害虫・益虫・ただの虫―』一九八九　農文協）。農薬をふることによって害虫を増やしているのであり、赤トンボは田が育てている事を発見した。風景は百姓仕事がつくってきたことを主張している。沖縄本島でウリミバエを根絶させた桐谷圭治は、宇根らとともに、合成農薬による「消毒」防除から、総合的有害生物管理（ＩＰＭ）を経て、農地に棲む生物と「共存」する農業（総合的生物多様性管理：ＩＢＭ）を提案している（『「ただの虫」を無視しない農業―生物多様性管理―』二〇〇四　築地書館）。

ただし、こうした活動の伏流として、戦中・戦後に展開した各種の民間農法があったことを見落としてはならない（農文協の民間農法シリーズで、岡田茂吉が始めた『無肥料・無農薬のＭＯＡ自然農法』一九八七、島本覚也の『酵素で土をつくる島本微生物農法』一九八七、山岸巳代蔵の『人間と自然が一体のヤマギシズム農法』一九八七など）。また、楢崎皐月はこれらとは全く別次元で、「植物波農法」を唱えた（『静電三法』一九九一　電子物性総合研究所、宇野多美恵編著『相似象』第七号　一九七四　相似象学会）。戦後農村での「植物波農法」の普及の様相は、薄井清の「燃焼」（一九五六）に描かれている（『稲刈りに来た少女』所収　二〇〇一　町田ジャーナル社）。

さらには、「いのち」にかかわる医師により、医・食・農の結合復興が主張され実践活動が行われてきた。奈良県で慈光会を主宰した梁瀬義亮（『生命の医と生命の農を求めて』一九七八　柏樹社）、熊本県で菊池養生園を運営する竹熊宜孝（『土からの医療―医・食・農の結合を求めて―』一九七九　地湧社）などである。

有機農業を実践している農家と消費者、研究者によって一九七一年に日本有機農業研究会が創立されたが、常務理事であった一楽照雄は、一九七〇年頃までの代表的な有機農業として、岡田茂吉の世界救世教の自然農法、愛媛県の福岡正信の「無の農法」、奈良の医師梁瀬義亮の慈光会をあげている（『暗夜に種を播く如く』二〇一三　農文協）。

最近では、青森県のリンゴ農家である木村秋則（『すべては宇宙の采配』二〇〇九　東邦出版など）や大分県のニンジン農家である赤峰勝人（『ニンジンから宇宙へ』二〇〇〇　ながなワールド）、栃木県で養鶏をやっている高橋丈夫（『生命農法』一九九七　三五館）など、無肥料・無農薬を実践する農家自身がいのち論・宇宙論を展開してきている。

研究者では、私の恩師の飯沼二郎は小規模・複合・有機農業をすすめ（『生き生きと農業をするための勇気』二〇〇〇　新教出版社）、保田茂（『日本の有機農業―運動の展開と経済的考察―』一九八六　ダイヤモンド社）や高松修（『有機農業の思想と技術』二〇〇一　コモンズ）らは積極的に支援していた。一九九九年には日本有機農業学会が誕生し、中心となって活躍した中島紀一は有機農業の意義を解明し訴えている（『いのちと農の論理―地域に広がる有機農業―』二〇〇六　コモンズ）。

有機農業を推進してきた代表的な研究者である中島紀一は、有機農業の歴史を次のようにまとめている。①一九三〇年代中頃の岡田茂吉、福岡正信ら「自然農法」、民間の技術運動から有機農業が生まれ、②一九七一年、一楽照雄により「有機農業」の言葉がつくられ、日本有機農業研究会が発足し、現在まで活動を継続、一九九九年には日本有機農業学会が設立、③二〇〇一年には有機ＪＡＳ制度ができ、二〇〇六年に有機農業推進法が制定、同年には有機農業の技術の確立を進める全国ネットワーク、その後有機農業技術会議へと発展して現在に至る、という歴史である。

中島は現在の有機農業の特徴を次の三点にまとめている。第一に、現在は転換期から発展期を経て「成熟期有機農業」の段階に入った。第二に、有機農業は近代農業への批判から生まれたが、現在では特別ではなく、「普通の農業」として考えられるようになった。第三に、有機農業は資材の低投入・農業の内部循環・自然との共生の三つの要素を持っている（『有機農業にとって技術とはなにか』二〇一三　農文協）。

「たまごの会」や「やぼ耕作団」で都市での自給農業運動を推し進めた明峯哲夫も、同じことを述べている。日本の有機農業運動は一九七〇年代初頭に始まり、以来四〇年余りを経て、先駆者たちの有機農業は、すでに成熟期を迎え、「ただの農業」へと進化してきている。長年にわたる堆肥投入による土づくりの結果、農地は安定した生態系になってきており、土は自らの状態を自らの力で維持する仕組み（内部循環）を完成していく力を持つようになっている。もはや外部からの有機物投入にそれほど依存することのない、「低投入型農業」へと脱皮してきていると結論付けている（『有機農業・自然農法の技術』二〇一五　コモンズ）。

「ぐうたら農法」（『ぐうたら農法のすすめ―省エネ有機農業実践論―』二〇〇一　人類文化社）などの提唱で知られる西村和雄は、有機農業の基本的な定義を考察し、現代の農業を次の四つに分類している。①現代農業は多投与の資材依存型　化学肥料が主体で、農薬を大量に使用する。②準有機とでもいうものは、多投与の資材依存型であり、化学肥料の代替物としての家畜の糞を主体とする有機堆肥をよく使用する。農薬の代替物としての天然物を使うことが多い。③有機農業は、低投与型であり、作物へ投与するのではなく、土壌生態系の円滑な動きを目的に投与する。植物質主体の堆肥を使い、天然物由来の資材を使って防除する。④自然農法はもっと低投与であり、作物に必要な栄養分はかなり少なくても、それを使いまわしながら作物自体が自律的に生長する。虫の食害は作物自体が健康であるために、食害は抑えられ病気にもかかりにくい（『西村和雄の有機農業原論』二〇一五　七つ森書館）。

こうした有機農業・自然農法を推進してきた三人の話をまとめると、一九七〇年代からの日本農業は、西村の言う①の現代農業への反対・抵抗から、②の準有機、③の有機農業、④の自然農法が行われるようになり、今や③と④が「普通の農業」「ただの農業」として定着しつつあると考えている。そして有機農業・自然農法は、低投入・内部循環・自然共生の三つの特徴を持っていると考えられている。

守田の生きた一九七〇年代、有機農業・自然農法は成熟期にはなっておらず、「反」的性格が強かったのであり（本書二〇～二一頁）、それに対して守田は反発していたのである。ただし、守田が「残根」の働きに注目して、土壌内部での循環を指摘したのは卓見である。守田は「超」を主張していたが、当時にあってはまだ理解されなかった。

ところで以上はすべて、有機農業を積極的に推進してきた人たちの話であった。ここで一味違った有機農業の見方を紹介する。『キレイゴトぬきの農業論』（二〇一三　新潮新書）や『小さくて強い農業をつくる』（二〇一四　晶文社）の著者である久松達央は、一九九八年、二八歳で脱サラの新規就農者となり、現在は土浦市で六名のスタッフとともに、四ha強の畑を耕し、年間五〇品目の多種類の野菜を露地で栽培し、消費者と直接取引をしている。

彼は有機農業の三つの神話として、①有機だから安全か、ウソ、②有機だから美味しいか、ウソ、③有機だから環境にいいか、ケースバイケースによる、と言い切っている。

有機農業とは「生き物の仕組みを生かす、とくに土の微生物の力を生かす農業」であり、「農薬や化学肥料を使わないというのは、生き物の仕組みを生かすための一つの手段に過ぎません」と述べて、「目的としての有機農業」と「手段としての有機農業」を区別すべきだと言う。

有機農業者について、「清く貧しくエコロジカルな善人」といったイメージがあるが、私たちは野菜を作って売るビジネスをしているプロであり、農作業は農業の一部でしかない。農業は工程が多いが、それだけ工夫の余地が多いということであり、これほどクリエイティブで知的興奮に満ちた仕事はない。農業はやる価値があり、やっていて面白く、お金にもなる仕事であると、久松は言う。有機農業を手段としてとらえ、相対化した見方が生まれてきているのである。逆に見れば、守田の見ていた一九七〇年代とは異なり、ここまで有機農業・自然農法が「普通のただの農業」として一般化してきたということの証左であろう。逆に有機農業・自然農法の「理念」が問い直されている。

三友盛行は、北海道で戦後入植し、一haに一頭という『マイペース酪農』（二〇〇〇、『乳牛とともに』二〇一二　ともに農文協）をやっている畜産農家であるが、私も参加した甲府市で開かれた二〇一三年の集会で次のように発言している（第二回やまなし発！　有機の郷推進交流大会）。有機農法も有機という形の投入であり、無機という化成肥料の形を変えたものであり、従来からのやり方を踏襲している慣行農法の一部に入る。我々のマイペース酪農も、低投入の慣行農法の一つである。マイペース酪農とは何か。マイペースもユアペースも経済効率に動かされていたのだ。マイペースのマイとは、自分の住んでいる風土、地理、生きとし生けるものの存在がスムーズに、お互い支え合って、持続的に暮らしていけるペースのことだ。私たちが次に目ざすのは、有機でも慣行農法でもない、新しい時代の農業の在り方、それは社会の在り方が問われるものでもある。まずは、地域の限界を知ること。その地域の限界を知った上で、その地域の中で暮らしをより豊かにする方策として、農業に取り組んでいくこと。それこそが有機農業を超えた、次の時代の要請だと思う、と三友は話している。

その後、中標津の三友牧場を何回か訪ね、三友ご夫妻からお話を聞いた。「反」ではなく「超」だという主張に、私も同感である。これこそは、守田が言う農業的循環のことである。

2　不耕起栽培をめぐって

私は大和農法の歴史を研究し、〈土地基盤整備→多肥→深耕〉という展開をしていたことを明らかにした（徳永『日本農法史研究』一九九七　農文協）。それはそれで間違っていないと思うが、最近読んでショックを受けたのは、千葉県の岩澤信夫（一九三二〜二〇一二）の『究極の田んぼ—耕さず肥料も農薬も使わない農業—』（二〇一〇　日本経済新聞社）である。いわゆる不耕起栽培である。不耕起そのものについては、この一五年ほどお話を伺い一緒に聞き取り調査に行っている、山形県のスイカ農家である門脇栄悦さんや奈良県のトマト農家の堀内金義さんがすでに実際にやっていることであり、知ってはいた。しかし、その意義について十分認識していたとは言い難い。

スイカ農家であった岩澤は、一九七〇年代末からイネ栽培にも取り組み始め、一九八〇、八一年の東北地方の冷害の時にお年寄りの不耕起の田んぼではそれなりに実っているのに驚き、本格的な不耕起栽培の研究を始めた。そして一九九三年の数百年に一度という未曾有の大冷害の時にも、収量をあげることができた。そして長年の研究、実践努力から「無肥料、無農薬、不耕起移植、冬期湛水農法」というイネ本来の力を生かす自然農法」に辿り着いた。一九九三年から日本不耕起栽培普及会を設立し、二〇〇二年からは自然耕塾を開校して、不耕起移植栽培の普及に努めている。

岩澤は次のように言う。大事な指摘をしているので、少々長いが引用する。

「不耕起への風当たりの要因として『耕さない』ことへの農家の葛藤が挙げられます。精農家という言葉があります。よく耕し、まじめに作物を栽培する農家のことです。日本では耕すことが勤勉さの証しになるのです。反対に不耕起は横着者の『惰農』がすることと見なされます」（五七頁）。

「古来、日本人は汗水をたらし、全身全霊を込めて、コメ作りに励んできました。小さな田んぼに命をかけて、まさに一所懸命の農作業で、コメをつくってきました。……このように日本人の美徳とされる『一所懸命』の文化からすると、田んぼは耕さない、肥料もやらないし、草取りも手抜きだなどという農法は考えられないもので、怠け者の遊びにすぎないと思われても仕方がないでしょう。……周りの田んぼと違うことをやり、汗水たらさない『なまけ者』の農法に見える不耕起栽培は、最初から日本人に拒否感を持たれるのかもしれません。

しかし、農業は、産業として成り立ち、国民の食料をまかない、農民の生活を支えなければなりません。ビジネスでなければならないのです。ビジネスであれば、いかに省力化し、低コストで、安全、安心な消費者に喜ばれる製品をつくるかに工夫を凝らさないといけません。従来からの慣行農法を漫然と続けて、田畑を農薬や化学肥料の捨て場にし、じわじわと持続不可能な環境をつくっていく農法は、ここらで止めなければなりません。農業ならどんな農法でもやってもよいわけではないのです。汗水たらして努力していても、それだけでほめられるわけではなく、結果が重要なのです。日本人の美徳とされる『一所懸命』を捨てて、省エネ、省資源、マーケット重視のコメつくりに励む必要があります。耕さず、農薬も肥料も使わず、おいしいコメをつくる。田んぼを利用して水を浄化し、トンボやカエルなど、身近な生きものと触れ合える場をつくる。このように、食料とともに、地球に優しい環境を積極的につくっていく農業があるのです」（一二八〜一三〇頁）。

この無肥料、無農薬、不耕起移植、冬期湛水農法は、どのように考えればいいのであろうか。これが日本農業の本流であったのか。いわゆる勤勉ではなく、怠け者、ぐうたらと見える農法こそが大多数の農家の実態であったのか。

私は、大学院以来現在まで「勤勉」に「一所懸命」に勉強してきたつもりであったが故に、見えるべきものが見えなくなっていたのかもしれない。私は、これまで主に江戸農書と奈良盆地の大和農法にかかわる史料から、農業史のイメージをつくってきた。たとえば農書作者のほとんどは上層農民であり、江戸農書は指導者の意識で書かれていて一般農民の意識とは異なると言われており（本書三四頁）、江戸農書は後の専門分化していく近代農学の先駆けをなすものであり、専門書の性格を持つものであるとの指摘もあり（藤井平司『本物の野菜つくり』一九七五　農文協）、江戸農書の史料としての限界は十分承知しているつもりであった。しかし、怠け者の農法まで視野が広がっていなかったように思う。何となく感覚的に反発していたようだ。

現場の農家を訪ねることも、一九九〇年頃よりけっこうやってきた。スイカの名人である門脇栄悦さんや息子さんの忠教君らと東日本の名人たちを、トマトの名人である堀内金義さんと奈良県の名人たちを訪ね歩いてきた（『日本農法の天道』二〇〇〇　農文協）。調査にも農家との相性みたいなものがあり、自分にとって聞き心地のよい農家からしか聞き取っていなかったようだ。

私は四〇代後半から五〇代前半にかけて、京大東南アジア研究所の友人とともに東南アジア・南アジア、そして済州島の高光敏さんと韓国全土（徳永・高・高橋編『写真でみる朝鮮半島の農法と農民』二〇〇二　未来社）、そして研究仲間と一緒に中国と、それなりに農村見学をしてきた。ドミトリーの宿泊施設に何日も泊まり、農村に深く入る経験も重ねた。また国際農業博物館会議に関わり、西欧・東欧の農村もわずかではあるが回ってもみた。日本的な感覚では、とても農業とはいえないような農業が各地にあり、世界中に多様な農業があることはわかっていたつもりであった。

しかし、地域内では、抽象化された一つの農業類型しか想定してこなかったのではないか。はたして、在地農法の全体像、実態を把握したものだっただろうか。ごく一部の表層を捉えた概念思考の産物だったのではないのか。「あるがまま」（sein）ではなく、研究者にとって都合のいい「あるべき」（sollen）農業像を見ようとしていたのかもしれない、と岩澤の本を読んで反省している。

たとえば、先駆層。普及層とともに大多数の受容層を考えてきたが、受容しない、拒絶されるとは考えてこなかったように思う。非・受容層、さらには反・受容層を考えるとどうなったであろうか。

私は奈良県の堀内さんとともに一九九三年四月から毎月一回、二〇一一年四月まで農家・消費者・JAや県の農業関係者と「やまと農談会」を続けてきた。しかし、この二〇年近くをふり返っても、堀内さんの革新的なトマト作りは一向に広まっていない。相変わらずの化学肥料・農薬のマニュアル農業をやっているのが大部分で、有機農業をやっている者もいる。何故、広まらないのかと苛立つこともしばしばであったが、それは私が「あるべき」農業しか考えていなかったからだろう。岩澤さんの農法とて、地域では同じような状態であろう。これが、在地農法の「あるがまま」の姿なのかもしれない。

堀内金義さんを偲んで

ここで、私が現場の農業を考える上で大変お世話になった堀内金義さんの思い出を記しておきたい。二〇一七年一一月、奈良県大和郡山市のトマト農家の堀内金義さんが亡くなられた。享年八八歳。謹んでご冥福をお祈りする。

堀内さんとの付き合いは、一九八三年ごろに鈴木良先生らと（本書三九頁）大和郡山で地域の治水問題を調べたのがきっかけであった（『治水の地域史』一九八五）。その後、一九九三年四月から一緒に奈良県内の農業に関心のある方々と、「やまと農談会」を始めた。月に一回、いろいろなテーマで農談し、勉強させていただいた。私の農業の見方は、堀内さんとの付き合いの中で作り上げられたといっても過言ではない（徳永『日本農法の天道』一五九～一六九頁）。

二〇一一年の四月まで一八年ほど続けたが、勤務先の学長の仕事が忙しくなってやめざるを得なかった。その間何度も、田んぼでの米つくり、ハウスでのイチゴやトマトつくりなどを手伝わせていただき、お土産にそれはそれは美味しい完熟の治道（はるみち）トマトをいただいた。以下、二〇〇四年に書いたものから、堀内さんのトマトつくりを一部紹介する（『週刊朝日百科』六六〇号）。

写真２　堀内金義さんご夫妻

奈良県大和郡山市の堀内金義・圭子さん夫婦は、一九八〇年頃よりトマトの産直をはじめた。折しも農薬問題があり、「安全・安心・顔の見える産直」をキャッチフレーズに、減農薬で有機肥料・完熟堆肥を使い、節水栽培しながらトマトを樹で完熟させて糖度を高めた。ならコープとの産地見学会をやり消費者にハウスに来てもらい交流を深めた。台風でハウスが壊れた時、みんなが助けてくれたな。世話役活動をしながら、二〇〇〇年には農家仲間、多数の消費者とともに治道トマトの二〇周年を無事祝うことが出来た。

しかし、二〇〇〇年前後からの急速な外国農産物の輸入拡大に、はたしてこのまま農業を続けられるか不安になる。安全だけなら、いまや輸入物でも十分ではないか。外国でも日本商社の技術指導で、糖度の高いトマトが簡単に作られる。たまたま守田志郎の『農業は農業である』（一九七一　農文協）を読んだ。まさに目から鱗が落ちる感じがした。化学化・機械化・施設化を一所懸命すすめ、やがてその反省から減農薬・有機農業を行ってきたが、それは資本や都会の消費者からの、いわば外からの「農耕への指図」に従ってきただけではなかったのか。補助金漬けとなり、自ら工夫することを忘れたマニュアル頼み。

守田により歴史的な見方を教えられ、農業を取り巻くからくりが少し見えてきた。七〇歳にもなって初めて気がつくとは、情けないやら、悔しいやら……。

これまでは安直な農政批判をして、自己満足していただけだった。作り方自体を換えなければ。埼玉県熊谷市のトマト作りの名人を仲間と訪ねて、教えを乞うた。自分より年上の名人が、今もなお工夫を重ねているのを見て、今からでも遅くない。奈良盆地の風土に合ったトマト作りへ、新たな挑戦を始めよう。農業は金儲けだけじゃない。人間の成長と健康を守るための食べ物を作るのが農業だ。それなら、作物自身の持っている生命力が最大限発揮できる作り方をすべきではないのか。

育苗は子育てと同じで、水や肥料を抑えてじっくり育てていく。畝は作らず不耕起栽培で土を堅く鎮圧し、地下の水分条件を一定に保つ。こうして、強い根が地下に張っていく。東西の一条植えで、根元まで光を届かす。さらには、単作・連作への反省から、トマトとエン麦、からし菜など根張りの違うものとの間作・混作を試みてみる。土は根が作るものだという、当たり前のことに気付いたからである。こうした輪作体系は、奈良盆地の伝統的農法だったことを思い出す。人のさかしらの「技」は災いの元。

トマトの声が聞こえてくる。今まで見えなかったことが見えてくる。理想のトマトのイメージが浮かんでくる。マニュアル農業から離れて、自ら工夫を重ねるうちに、農業が楽しくなってきた。心を込める農業の面白さ、醍醐味を、何十年かぶりに取り戻した気持ちだ。カネ？　心配しなくても後からついてくるさ！

第四章　守田農法論を発展させる

1　風土技法と養育技術

ここで一つの言葉を紹介しよう。法隆寺の宮大工として知られる西岡常一は、「技法は技術とちがいまっせ。技術というもんは、自然の法則を人間の力で征服しようちゅうものですわな。わたしらの言うのは、技術やなしに技法ですわ。自然の生命の法則のまま生かして使うという考え方や。だから技術といわず技法といぅんや」（『木に学べ』一三六～七頁　一九九一　小学館）と言う。技術と技法、農業技術と農法。西岡の言う「自然の生命の法則のまま生かして使う」技法は、守田が言う「超え得ない則を体験的にさとる」農法ということであろう。

次に作物学の栗原浩の主張を紹介する。作物自身がもつ主体的構造力を評価して、「ある時点における作物の存在は、その時点における空間的諸条件の反映であるとともに過去の経歴性を引き継いでおり、未来に向けての方向性を含み、終局の種族保存の〈たねもの〉へ向けて自己運動を続ける一断面である。だからこそ作物は風土をトータルに映しだしているのである」と述べている（『風土と環境』三四頁　一九八八　農文協）。そして、作物に対する見方として、作物が風土を受け容れながら、その喜び悲しさを微妙に〈かたち〉に表現していると捉え、全一体として統合された生きた系（システム）と見る風土的認識と、人間中心に自然を客観的なものとして科学的に要素分解的に見る環境的認識があると区別している。風土的認識に基づくものが農法であり、環境的認識によるものが農業技術といえよう。そこで栗原の言う環境的認識は、以後「技術的認識」と言い換える。

マルクスとリービッヒの思想を検討して、名著『農学の思想』（一九七六　東京大学出版会）を著した椎名重明は、さらにフォイエルバッハなどに言及しながら、増補版において（二〇一四）次のように述べている。「人間労働だけでなく、人間および作物や家畜の労働がともに価値であるような意識的・計画的共同社会」が考えられるべきであり、「弱者や家畜をいたわる協働（＝共苦）の普遍化が、拡大された『集合力』として生産諸力の発展をもたらすとき、人類の生命の源―空気、水、食料の源、心の癒しの源―として自然＝生きている大地は、『人間環境』以上のものとなる」（二九一頁）。椎名が紹介するフォイエルバッハの人間、作物、家畜がともに労働をしているという捉え方は、栗原の言う風土的認識と同じではなかろうか。農業において根本にある風土的認識は洋の東西を問わないのではなかろうか。大変重要な問題であるので、後で検討する。なお最近のマルクス研究でも、マルクスの自然観の再検討が進められている（平子・大谷編『マルクス抜粋ノートからマルクスを読

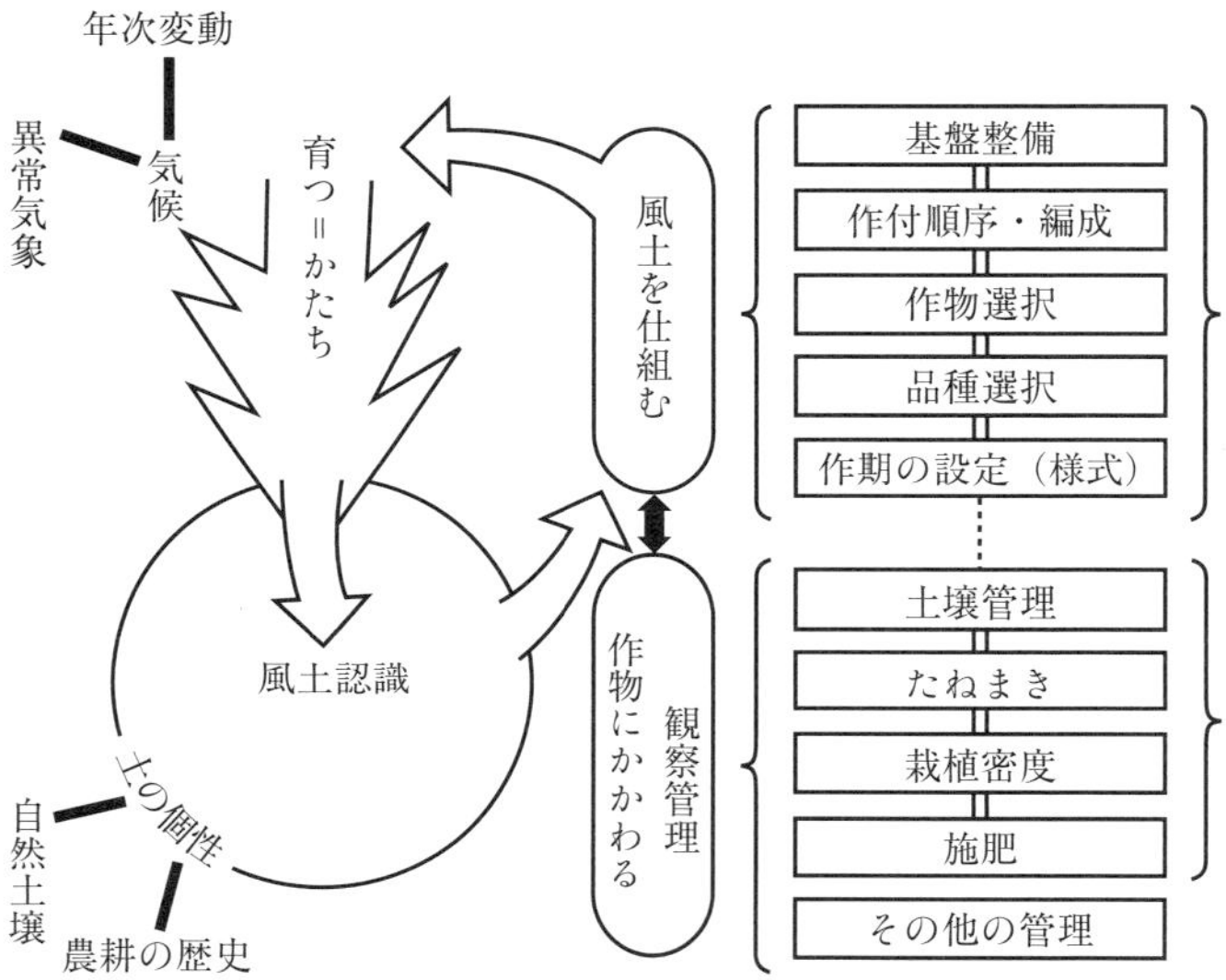

図１　技術の組立て

出典：栗原浩『風土と環境』148 頁　1988 年　農文協

む』（二〇一三　桜井書店）、岩佐・佐々木編『マルクスとエコロジー』二〇一六　堀之内出版）など）。

人類は生存のための食糧を永続的、安定的に確保しようとして農耕活動を始めた。植物管理から園耕、そして農耕活動の開始以来（宮本一夫『農耕の起源を探る』二〇〇九　吉川弘文館、松木武彦『進化考古学の大冒険』二〇〇九　新潮社）、自然への対象化は始まるのであり、数量化がすすみ、農業技術が発生する。以後、しばらくは農法と農業技術（体系）は同義として話をすすめていく。

先ほどの栗原浩は、図1のように農業技術は風土認識にもとづき風土を仕組む「汎技術」と、作物にかかわる観察管理による「個別技術」からなるという（『風土と環境』一四八頁　一九八八　農文協）。宇根豊は、個性的・地域的で見えにくい「土台技術」と、マニュアル化可能でよく見える「上部技術」からなるという（『天地有情の農学』二〇〇七　コモンズ）。私なりにまとめれば、農業技術にはその地域の土地自然条件を受容しながら折り合いを付けて適応しようとする「風土技法」的側面と、作物そのものに目を向けて能動的に肥培管理していこうとする「養育技術」的側面の二つがある。

よく農業では、「できる」と「つくる」の対比が言われる。「農法」とは「田をつくると、米ができる」のであり、「田をつくる」が風土技法であり、「米ができる」が養育技術である。そして「技術」は「米をつくる」のである（前田俊彦『瓢鰻亭通信』一九六九　土筆社、同『百姓は米をつくらず、田をつくる』二〇〇三　海鳥社）。

風土技法は、受容的で容器装置的であり、地域の風土文化と長い歴史によって形成された「体験知」がものをいう。この風土技法には、最初に紹介した地域類型論の飯沼二郎が言うようなマクロ的な風土への（たとえばモンスーン地帯）適応技術と、三澤勝衛（『風土産業』一九四一　信濃毎日新聞社　後に『三沢勝衛著作集』第三巻所収　二〇〇八　農文協）が言うような微気象・微地形などのミクロ的なものがある。マクロ的風土には、農家はほとんどあるがままに受容、適応することになろう。ミクロ的風土に対しては、ある程度の改変が可能であり、村・地域ぐるみで取り組むことが多い。この風土技法において、飯沼のいう保水、休閑、中耕、除草の風土論的地域類型化は起きやすいのである。

農家が個別に改良しやすいのは、能動的・手段体系的・個別管理技術の養育技術であり、「科学知」の応用が利きやすく、加用のいう段階的発展が生じやすい。大きくは品種、肥料や農薬などの労働対象的技術と農具、機械などの労働手段的技術とに大別できる。

対象化の度合いは、マクロ的風土技法→ミクロ的風土技法→養育技術の労働対象的技術→労働手段的技術となるにつれ大きくなっていく。工業が労働手段を重視するのは対象化しやすいからである。ただし、農業ではそれぞれは「生態均衡系システム」として連動しており、それぞれが勝手に展開することはできない。たとえば肥料ばかりを多投しても、品種が耐肥性でなければ作物は徒長するばかりで不稔となるし、乾田化がすすまなければ、肥料多投の効果は少ない。この見方にもとづき日本の近世近代の稲作技術史を分析した研究として、嵐嘉一の仕事がある（『近世稲作技術史』一九七七　農文協）。山形県の近代稲作を事例に分析したのは、川田信一郎である（『日本作物栽培論』一九七六　養賢堂）。

作物学の松尾大五郎（『稲作Ⅰ診断編』一九五〇　養賢堂）や嵐嘉一は、農業技術体系は、地域の「農業慣行」として定着するが、①自然発生的な性質があり、農民的である。②一種の平衡体（システム）であり、経営的経済的な要素を含めて立地生態均衡的である。③長い目でみれば、可変的である（ダイナミズム）、としている。

つまり地域の風土文化に根ざした動態的・均衡的な「在地農法」として、農法＝農業技術体系は存在するのである。ここに工業と違って、地域地域の風土技法をベースとした「在地」という概念を導入する必然性がある。つまり、それぞれの地域には、地域の風土・歴史に相応した「在地農法」があるのである。しかし、やがて停滞、袋小路に陥った時、「先駆層」によって「外来」の情報による刺激や「外来農法」と接触が始まる。それまでの在地農法は、相対化されて古くさい「在来農法」と意識されるようになる。そして取捨選択されながら「普及層」により農法の改良がすすめられて、新たな「在地農法」が形成されて大多数農民の「受容層」に受け容れられるのである。まとめると、図2のようになる。

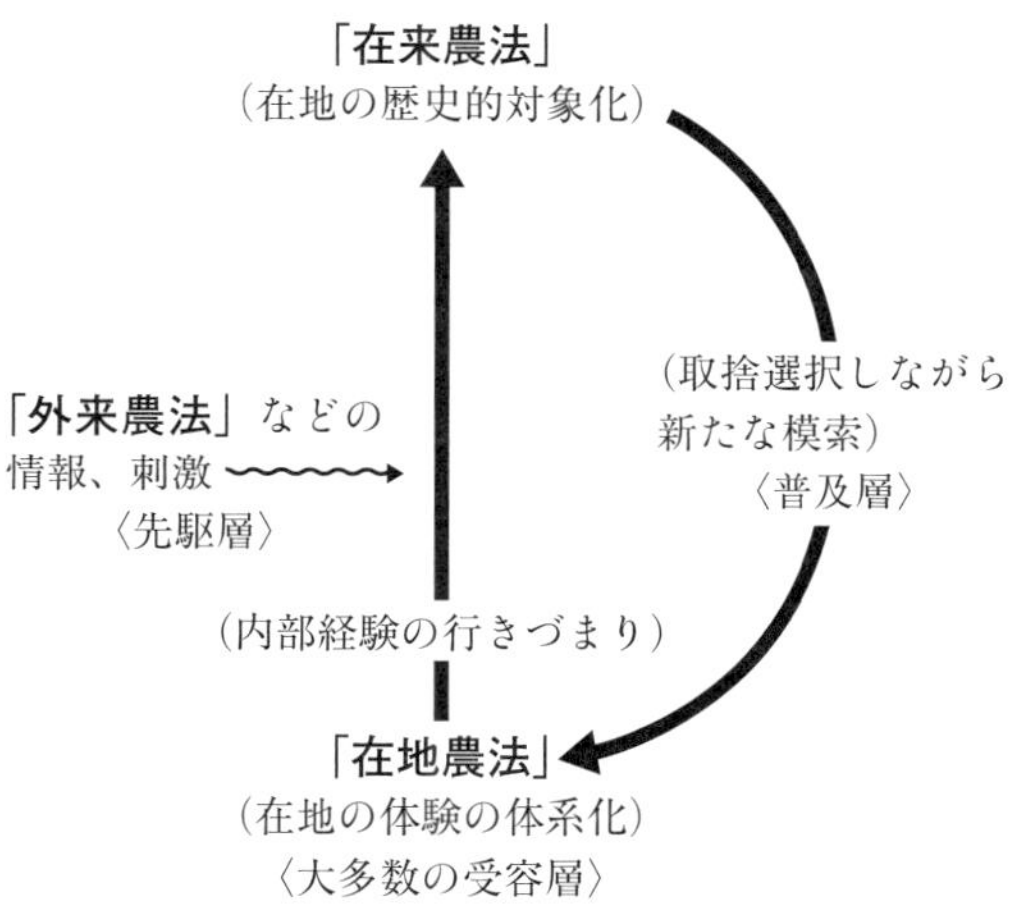

図２　在地農法の改良と持続の過程

こうした農法の改良と持続は、家、村、地域によって代々受け継がれていくものであり、やがて「家柄」「村柄」「土地柄」の伝統が形成されていく。そして、日本列島のマクロ・ミクロ的な風土に適合した日本農法・在地農法が形成されたのである。

つまり、守田の言う工業に見られる「概念としての技術」は農法＝農業技術体系にはないが、

「実体としての技術」は風土技法、養育技術としてあるのである。ここの混乱が、守田農法論をわかりにくくしていたのである。

以上の風土技法と養育技術の見方を先行研究との関係で見てみよう。飯沼の風土論の四類型は、風土技法のとくにマクロ的風土から見たものである。加用の段階論は、養育技術のとくに労働手段から見たものといえよう。

田中耕司は、水利環境や地形環境も含めて、生産環境を作り変え作り直す技術を「立地（環境）形成型技術」と呼び、作物自体に関連する立地への適応技術を「立地（環境）適応型技術」と考えた（『稲作技術発展の論理―アジア稲作の比較技術論にむけて―」（『農業史年報』第二号　一九八八　関西農業史研究会）。風土技法が「立地適応型技術」で、マクロよりもミクロ的なものが大きい。養育技術が「立地形成型技術」に近いと言ってよかろう。

金沢夏樹は、道具や機械の労働手段の改善と体系化の技術対応を「工学的対応」（機械の論理）と呼び、品種、農薬、施肥など労働対象の改善的対応を「農学的対応」（肥料の論理）としている。これらの相互の関わり方に相違があって、それが農業の歴史にそれぞれの特徴を与えたという（『変貌するアジアの農業と農民』一九九三　東大出版会）。養育技術にも、労働対象系と労働手段系とがあるということである。金沢の主張に関しては、磯辺俊彦「アジア・日本・西欧農業をみる眼」が参考となった（『共の思想』第Ⅲ部第一章　二〇〇〇　日本経済評論社）。

2　狭義の農法と広義の農法

私は、守田志郎にこだわり続けて四〇年以上がたった。私は未だに答えを見出せずにいる問題が二つある。一つは、農法と技術をどのように考えればいいのか。農業関係者の間では、農法という言葉がよく使われるが、農業技術体系とほぼ同義で使われているといってよい。一九七六年に出た彼の最後の本、『農業にとって技術とはなにか』（東洋経済新報社）が農文協から人間選書として復刊された一九九四年に、「守田志郎の遺産―『作りまわし』と『作りならし』―」という解説を書いた。『小農はなぜ強いか』（初版一九七五）の復刊での解説で、「日本農学の原論として」を書いた（二〇〇二）（本書一四～三七頁）。

私のこだわりは、守田の次の言葉にある。以下のページ数は、『農業にとって技術とはなにか』農文協版による。

「『農業にとって技術とは』という設題に向けて、農法に概念として『技術』は無いという、すれちがいの答えを用意することはできる、ということである」（二五〇頁）

守田はいったい何を私たちに提起していたのであろうか。守田の農法と技術、農業と工業に関わる言葉を少々長いが紹介する。

「農法は、土とのとり組みの暮しにおける人のあり方の理念でもある。人の欲望を土に向けて放ち、そこに超ええない則を体験的にさとることによって人の存在の永劫を得ようとするのであろう。工業の技術理念にあっては、製造の範囲を量においても質においても限りなく拡げつづけることによって人の存在の永劫を求めようとする論理である」（二四九頁）

「農法もまた人の欲望を契機にしていることは否定するわけにはいかない。だが、その欲望は地球の表面における土とのかかわりにおいて得られる範囲でのものである。それを超えようとし、あるいは超えさせようとすることに『技術』の概念の持ち込みの動機がある」（二四九頁）

「農耕は工業とちがって、人間が生きていくについての本源的な営みであり、その営みが地球の表面なる自然生とのかかわりですすめられてきているという、技術を越えた論理の世界のものである」（二一頁）

「混播、作りまわし、間作の農法は、雑草の世界の中からひっさげてきた人間の生きざまそのものなのかもしれない。つまりは人間が雑草の延長の上につくりあげてきた暮らしかたそのものなのであろう。多分それは技術の範疇を越えたものなのであろう。則ともいうべきものに思えてくる」（『文化の転回』一二二一～三頁　一九七八　朝日新聞社）

「多肥多収の理念が農耕世界の農法の外のものだという点にあるのだ、という開眼である。多肥多収は農法の理念ではなく、農耕と無縁のところでつくられた『技術』だということ」（『文化の転回』一〇一頁）

「農耕から離れて一つの生産分野が出来ていくとき、そこに技術という概念の形成がはじまる」（二一

五頁）

「工業は、工場において、人の欲望のおもむくところすべてを満たしうると自負し、どのようにしてでも求める物の製造をしようとする。そこに技術という概念が成立する。工業技術にとって一番大切なことは、工業自らの限りにおいては超えてならない則などというものを自らの法則として持たない点にあるかと思う」（二四九頁）

「技術は、何かを作るにあたって物を対象化させるために人が編み出す方法」（二二一頁　傍点は守田）

「そこで、何をもって対象化というかが問題となる。働くものが、それをもって自分の求める生産物とすることのできるように、つまり自分の目的にかなったような状態において自分の前に置く、それが可能なときそこに人と労働対象の関係が成立する」（二二六頁　傍点は守田）

「技術とは、工業の概念なのである。技術によって労働対象の一層の対象化が進展し、資本の力で量・質の両面で原材料選択への期待が存分に満たされるようになって、技術への期待がさらに高まってくるとき、一つの転換が行なわれる」（二一九頁　傍点は守田）

かつて地力概念が問題となった時、肥力に対応した地力（狭義の地力）、豊沃度を意味する地力（広義の地力）を区別して論じることが提起された（小倉武一・大内力監修『日本の地力』一九七六　御茶の水書房）。そこで農法にも狭義・広義を考えてみようと思う。

先ほど私がまとめた風土技法（マクロ的、ミクロ的）、養育技術（労働対象系、労働手段系）からなる「実体としての農業技術」は、「狭義の農法＝農術」（以下では「農術」とする）と呼ぶのが適当である。狭義の農法＝農術とは、従来から論じられてきた農業技術体系と同じである。しかも養育技術に収斂されやすい。風土技法はカヤの外に置かれがちである。飯沼の風土論的地域類型論は、それらを打ち破ったものとして評価できる。

そもそも農耕とは、「いのち」を〈播く—育てる—出来る〉という活動である。自然の循環リズムと一体化しながら、農民生命の主体性と作物生命の主体性が一致するのである。ドイツのゲーテ、クラーゲスがいうように、目に見えない「いのち」の原形への共振が起こっているのである（千谷七郎『遠近抄』一九七八　勁草書房）。よく農家の名人たちが作物と話しするというのは、この感覚であろう。農民たちは、根源的原始的な喜びを感知しているのである。これを「農藝」と名付けよう。

世界的な漢字学者である白川静は、「藝」の字義について、人間が植物を刈る形から来ているという（『新訂字統』普及版二五三頁　二〇〇七　平凡社）。また、英語の文化（culture）の源は、農耕（Agriculture）である。日本語においても、芽と目、葉と歯、実と身など植物部位と身体部位の同音語があるのは、農耕と日本語、日本文化の成立期からの繋がりの深さを示している（藤井平司『甦えれ！　天然農法』一九八三　新泉社、木村紀子『古層日本語の融合構造』二〇〇三　平凡社、宮坂静生『俳句原始感覚』一九九五　本阿弥書店など）。

つまり、この「農藝」は、表現は違えど洋の東西、古今を問わず農民誰もが持っており、人類文化の根源である。「農」は、食糧自給や環境維持などの多面的機能だけではなく、生命・生活だけでなく、「いのち」への気づきのための根源的意味と役割を担っている。

また、この「いのち」は、物質的な「生命」だけでもなく、人生や生活としての「生」だけでもなく「生命」「生」をも含みこんで活かしている「いのち」なのである（上田閑照『生きるということ』一九九一　人文書院）。日本列島ではそれを〈カミ〉と名づけて、祈りをささげ、祀って感謝してきたのである（岩田慶治『カミの誕生』一九九〇　講談社、石田一良『カミと日本文化』一九八三　ぺりかん社）。そして世界各地では、地域的な宗教から普遍的な宗教へと昇華していったのである（冨永半次郎『正覚に就いて』一九八四　刊行会、木南秀雄『サンカーラ（行）とダンマ（法）を観察する』二〇〇八　私家版、山本空外『一者と阿弥陀』一九八二　光明修養会、滝沢克己『純粋神人学序説』一九八八　創言社、本多正昭『キリスト教と仏教の接点』二〇〇七　行路社など）。

しかし、一方で農業とは、「いのち」を殺すことによって成り立っているともいえる。生きている「植物」を「作物」として育てながら、殺すことによって「食物」として消費者に供給し、人類はいのちを永らえてきたのである。いのちを育てながら殺すという、生と死の絶対的な矛盾によって農耕は成り立っているのである。それを農民は、いのちよ無事に育ってくれと祈り、いのちよ申し訳ないと祈りながら、農耕活動を行っているのである（津野幸人『農学の思想』一九七五　農文協、棚次正和『祈りの人間学』二〇〇九　世界思想社）。農家はこうした根源的原始的な喜びを瞬間的であれ、茫漠とであれ、面影であれ、保持していたのである（三木成夫『胎児の世界』一九八三　中公新書）。

守田が農法論において問題にしたかったのは、ここで書いたように農業とはそもそも根源的に何なのか、その理念なのであった。しかし、従来の農法論の議論においては、日本農業の歴史・現状・未来、比較農法論は語られても、守田が問いかけた土との取り組みの暮らし（生産＝生活）における、人のあり方の理念（生命＝「いのち」）が問題にされることはなかった。まさに「すれちがい」がおきていたのである。

守田が言う農法＝「広義の農法」とは、「概念としての技術」ではなく、生産＝生活＝生命＝「いのち」を一体化させて循環させながら、一生物種である人類を存続させていくものなのである。守田にとっては「循環」がキーワードであったが、「狭義の農法」＝農術は、そのうちの生産を扱っていただけであった。

こうした広義の農法の見方は、日本文化の基層に存在し続けてきた。戦前戦後にかけて日本の農山漁村を歩き回った宮本常一は、『忘れられた日本人』の中で、「そこにある生活一つ一つは西洋からきた学問や思想の影響をうけず、また武家的な儒教道徳のにおいのすくない、さらにそれ以前の考え方によってたてられたもののようであった。この人たちの生活に秩序をあたえているものは、村の中の、また家の中の人と人との結びつきを大切にすることであり、目に見えぬ神を裏切らぬことであった」（岩波文庫版二八九頁）と、述べている。近代の欧米、中国の外来文化、そして日本列島の古来からの伝統文化の三層構造の日本文化に通底している日本人の知恵とは、目に見えぬ神を裏切らないこと（「おかげさま」）、人と人との結びつきを大切にすること（「おたがいさま」）であると、宮本は考えていた。こうした日本文化の重層的構造の形成は、先ほど述べた在地農法の改良と持続の過程と相似的である。

このような日本文化の三層構造は、東南アジアを中心として世界をフィールドワークしてきた高谷好一も指摘している（『世界単位論』二〇一〇　京大学術出版会）。一番基層には、縄文時代に日本人の心と言葉がつくられ、森の木々も仲間、動物たちも一緒といった一元論的世界に住んでいた。弥生時代には稲作文化を中心とした物質文化の基本がつくられ、それまでの森信仰から田の神、雨の神も大事にするようになった。こうした内世界にまず中国の中華思想が外文明として入ってきて、次いで明治から欧米の近代文化が入ってきたのである。

日本に長年住みながら日本文化について考えてきた韓国女性である呉善花は、現代の日本には、「農耕アジア以前の時代に由来する日本」「農耕アジア的な日本」「欧米化された日本」の三つの世界が重層的にあり、農耕アジア以前とは、人間が狩猟生活を主にしていた縄文時代であり、人間は自然と接しながら山川草木のすべてに神の存在を感じて、それらと一体となって生きる感性を持っていたと述べている（『縄文思想が世界を変える』二〇〇一　麗澤大学出版会）。

日本文化の三層構造がつくられてきたが、基層にある世界は、二〇一一年の三・一一の東日本大震災のときのように何かのきっかけで、突然吹き抜けのように基層から湧き上がってくるのである（堀越久甫『村づくりの手法』一九八二　農政調査委員会）。

3　農法の基層としての主客合一

守田が言う「人の欲望を土に向けて放」つ仕方が問われており、それは栗原の言う風土に根ざした風土認識の違いを問題にしなければならないのである。私が長年考えてきたもう一つの未解決の守田の問題がここにある。

「対象とする社会に身をおくことによって全体をみる、とでもいおうか。あるいは対象とする社会に身をおくことによって知りうることを全体とする、ということかもしれない。つまり主観主義のようなものである」（『学問の方法』一八九頁　一九九〇　農文協）。

「主観的とか客観的とかいうことをぎりぎりにつめていくと、その両方がいつしか重なってくるものです。……部落を考えるときのたいせつな点も、つめていえばこの主観と客観の重なりあいにある」（『小農はなぜ強いか』一六一頁　人間選書版）。

この主観と客観、主体と客体との重なりあいについて、守田は具体的には次のように述べている。

「作物や家畜の、生産と繁殖の過程での自然のいとなみや大小のうねりの中に身を置いて『待つ』ことのできる体質……『待つ』ことを静かに耐え、乱れのない呼吸を続ける、それができる人によってのみ農業というものが存在しうるのである」（『農法』二四〇頁　一九七二　農文協）。

江戸農書で三河の「農業時の栞」（一七八五）は、「百姓ハ時節を待が第一なり」（「日本農書全集」

第四〇巻一一八頁）と、幕末の田村吉茂は、「万事天然にまかせ、時節を心長に待つ事専一なり」（第二一巻二二三頁）と述べている。日本においては、この「待つ」が、人の欲望を土に向けての放ち方だったのである。仲間と、作物・家畜らと、労働をして「労わり合う」ことで、「待つ」間に「祈り」が生まれる。無事に収穫できれば、「祭り」でお祝いをする。日本ではこうした営みが何千年と脈々と続けられてきたのである。それは、農作業における「作法」として確立していった。身体化された「所作」は、段取りよく日常茶飯事のように「自然」に行われていく。まるで茶道や華道のような「藝道」の世界と通じるのかもしれない。

守田志郎の著作を出版するにあたってサポートをしてきた農事評論家の原田津は、「育てる人間とその対象物であるイネや牛やスギとの間に往き来するある種の交歓」があり、日本の伝統的な「日常文化の根底には受容（パッシビズム）のこころがある」（『むらの原理　都市の原理』一六五頁）と述べている。「日本農民の自然に対する感性の特質は、主観と客観のあいだ、あるいは主体と客体とのあいだに明確な区別がないということである。自然を対象化して、それを征服するという西欧的な自然観とはまったく相違している。対象化というベクトルとは逆に、同一化というベクトルがはたらいているのである。主客合一である」（『農家探訪』三二四頁　二〇〇六　農文協）と、守田志郎の農法論を受け止めて展開している。ただし、原田の言う西欧的な自然征服観については、疑問があり後で検討する。

このことを江戸農書から少し探ってみよう。岩代の柏木秀蘭の『伝七勧農記』（一八三九）は、「あんつるに、只働に心寄る時ハおのつから植草に習ふ事ま丶あり」（『日本農書全集』第三七巻一二三頁）、「気候も常ならねは、秋さいそくわけと見へて、根元ふとく丈ひかされは、人間より時をしるの道理」（第三七巻一五一頁）、「善悪ともに、天地の間にして片寄やすきは草木も人心に同し。人間草木之気節知るか如く浮世に迷はすんハ、、憮穏かならん」（第三七巻一二二頁）と言うように、人間と作物たちとの同質性を説くまでとなっている。

そして、「心」は回る。筑前の深町権六の『農業心覚』（一七〇三）は、「た丶心を廻シ、きりを立て、しひ心をわすれすして……心の内にて思案の廻シ、言の一言おき候」（第四一巻二三九頁）という。人間だけではなく、作物にも土地にも、自然すべてに心があり、「まわし」の世界で循環しているのである。

こうして素直な心でいれば、下野の稲々軒鬼水の『深耕録』（一八四五）にあるとおり、「野州薬師寺村郡助といふ者、一字もよめすして、若年より農業に心を懲し、中年に天地の気を自得し、二、三日先の晴雨を云事、掌を指かことし」（第三九巻一八頁）と、人間とて他の生き物たちと同じく天地の気を自得できるまでに至るのである。

越中の五十嵐篤好は国学の影響を受けているが、彼が著した『耕作仕様考』（一八三七）は、「終日宜苗ニ生立候様ニと心ニおもひ守り居り候得者、其心感候而、宜成候ハ必然之理と奉存候」（第三九巻二〇一頁）、「今も古風御座候て賑やかニいたし候へハ、退屈不仕候故、仕事もはかゆき可申候。第一ハ其気を受候而苗も健ニおひたち可申と奉存候。茶を入候ニも、若女仕候得者花々と匂ひも宜相成申候と同理と奉存候。……若キ女共植候ハ、健ニ育可申と奉存候」（第三九巻二〇七〜八頁）、「目ニ見へぬ所ニ道理も可有御座哉」（第三九巻二一四頁）と述べる。「古風」というように昔から、農家と作物との間で「心」「気」の交歓が行われていることを認めている。そこに、目に見えない「道理」「必然之理」があるのである。

津軽の中村喜時は『耕作噺』（一七七六）で、「耕作は心を入るが根元也。土地は口なくもの言事なけれども、心を入候得者、作体に顕し、手入の仕やう・肥薗の仕様・種物迄、土地より教るものと存候。……手入を尽され候はゞ、土地のもの言事を如聞土地こゝろ知れ申べし」（第一巻八三頁）と、述べる。農家と土地、作物との間で「こころ」の交歓が行われている。このように、江戸農書では主客合一の世界が展開されている。まさに「心土不二」の世界である。

幕末期の三河の『農稼録』（一八五九）を紹介する。「自然」に対し「おのづから」とも「しぜん」ともふりがなが打たれている。「夫穀物ハ大凡時を量りて蒔殖すれば、少しといへども自然《おのづから》にも実のるべき物なれバ、農民ども等閑に心得るものおほし」（第二三巻九頁）、「年々同じ所に作れバ、自然《しぜん》と種も残る」（同一八頁）。農家は、作物が「おのづから」「自然」に実るものと伝統的に考えていたのである。

この「自ら」の二通りの読み、「おのずから」と「みずから」に着目して、「あわい」論を展開しているのが竹内整一である（『「おのずから」と「みずから」』二〇〇四　春秋社、『大和言葉で哲学する』二〇一二　春秋社など）。あわいとは、「合ひ合ひ」、「合はふ」ものであり、二者が対立するのではなく、相関・相乗した状態を指す言葉である。「自然」と「自己」、「自然」と「作為」、「おのずから」と「みずから」もまた、そのような関係にあったのである。農民たちと作物や土、自然ともまた「あわい」の関係であり、農家は「合わせ」てきたのである。なお、安田登は能ワキ役者の立場から「あわい」論を展開しており（『あわいの力』二〇一四　ミシマ社）、濱口恵俊は比較社会学の立場から日本の「あわい」の文化を論じている（『間（あわい）の文化と独（ひとり）の文化』二〇〇三　知泉書館）。

続いて宮本常一により民話の世界を紹介する。古くから伝えられている「花咲じいさん」「一寸法師」などの御伽噺や民話に関して、そこで一番大切な徳目は「誠実」であり、庶民が考えた理想の生き方があると言う。そういう主人公には虫も鳥も獣も話しかけ、助けてくれる。人間では見えないものを見せてくれ、聞けないものを聞かせてくれる（『庶民の発見』一九八七　講談社学術文庫）。

江戸時代の伊丹の俳人である上島鬼貫（一六六一～一七三八）は、「まことの外に俳諧なし」といって、「誠」を」強調した。俳句は「作る」ものではなく、誠の心から自ずから「成る」ものであると言った（高橋正治『古典曼荼羅』一九九四　教育出版センター）。芭蕉の弟子である宝井其角（一六六一～一七〇七）の俳諧について今泉準一は、古代歌謡・民謡・童謡などと同性格の自ずと湧き出てくる民族詩的性格を持っていると評価する（『芭蕉・其角論』一九八三　桜楓社）。

まさに堀内さんのトマトの声が聞こえる世界であり（本書六九〜七一頁）、前田俊彦が言った「田をつくると、米ができる」（本書七五頁）である。こうした「心土不二」の世界が、日本列島の古来からの文化だったのである。

私は二〇一八年六月に水俣を訪ねる機会があり、それ以来石牟礼道子の著作、存在が気になってきた。ずっと以前に『苦海浄土』（一九六九　講談社）を読んだくらいで、ほとんど彼女の作品は読んだことがない。岩岡中正は石牟礼道子を「天地の間（あわい）に語り続ける詩人」と評して、次のように書いている。「あるとき、石牟礼さんにとってどんな時が幸福ですかと聞かれて、石牟礼さんが即座にこう答えられたのをはっきり覚えている。それは、私が風になって吹かれているとき、自分が感受性に満ちあふれて宇宙と一体化していると実感しているとき、その時が一番幸福で、私は風にそよぐ雑草の一本として精霊の物語を伝えていきたい、と言われた」（『魂の道行き—石牟礼道子から始まる新しい近代—』（一三八頁　二〇一六　弦書房）。

石牟礼道子を亡くなられるまで（二〇一八年二月一〇日逝去）サポートしてきた渡辺京二は、「石牟礼道子の時空」で次のように書いている。少々長いが、大切なことなので引用する。

「農事といっても、彼女はそれを労働とは捉えておりません。自然あるいは大地との対話とみなしておられる。彼女は農作業のつらさはもちろんよく知っている。だが、そのつらい労働を人間はなぜ何千年も続けてこられたのか。食うためであるというのは、およそ人間を馬鹿にした考えかたで、そんな考えかたは人間の労働を経済行為としか捉えられない憐れな近代の固定観念にすぎない。食うという行為はそのままもっと広くて深い生命活動の一環であります。石牟礼さんの作品は、農にまつわる様ざまな作業を、よろこびにみちた生命活動として描いているのです。彼女は労働を対象から決して分離させません。作業は生きたものに関わり、そのもの＝対象の生命を実現する行為です。ですから彼女は農作業を描いているのではなく、人間が農作業という形で、物象つまり土や作物のゆたかな内実と関わってゆく経験を描いているのです。」（『もうひとつのこの世―石牟礼道子の宇宙―』（四八～四九頁　二〇一三　弦書房）。

これこそ、生産＝生活＝生命＝「いのち」が一体化した広義の農法の世界そのものではないか。私が未解決のまま考えあぐねてきた守田志郎の「農法に概念としての技術はない」、「主観と客観の重なり合い」の問題に対する答がここにあるように思う。私はこうしてお二人の評論を引用するしかなく、石牟礼文学を読んでの感想とならないことは情けない限りである。人生の残り時間をカウントダウンする年齢になってしまったが、今後『石牟礼道子全集―不知火―』（全一七巻別巻一、二〇〇四～二〇一四　藤原書店）などを読んでいきたいと思う。

ここで一つ、新たな問題提起をしておきたい。先ほどの原田が書いていた、西洋の自然観は自然を征服しようとする主客二分とよくいわれる点である。果して、農業に携わる西洋の農民たちの自然観はそうだったのだろうか。たとえば、アイリーン・パウアの『中世に生きる人々』によれば、九世紀初頭のパリ近郊の農夫ボドは、キリスト教徒になって久しいのに古い信仰や迷信を信じて大地への祈りを捧げていたのである（原著　一九二四、三好洋子訳　一九六九　東大出版会）。阿部謹也は、一一世紀までは日本とヨーロッパは同質の世界であり、その後のキリスト教の普及と都市の成立によって、それまでの世界は魔女や狼男として排除されていったと述べている（『中世賤民の宇宙』一九八七　筑摩書房、『ヨーロッパを見る視角』一九九六　岩波書店など）。

私は西洋においても農業生産に携わる人たちの世界観、自然観は日本と同じようなものだったのではないかと推測する。先入観や常識にとらわれることなく、先ほど書いた東アジアの韓国や中国の農民たちの問題とともに、西洋の農民たちの自然観も実証的に検討する必要があるのではなかろうか。

祖田修は『農学原論』（二〇〇〇　岩波書店）において、三木清の「構想力の論理」を持ち出している。「自然も技術的であり、自然も形を作る。人間の技術は自然の作品を継続する。（中略）構想力の論理は両者を形の変化の見地において統一的に把握することを可能にする」（『三木清全集』第八巻一〇頁　一九六七　岩波書店）。祖田は、農業は広く「自然の構想的利用」の営みだと捉えている。田中耕司は、東アジア農業の未来を担う小農の「構想力の論理」を明らかにしていくことが重要であると述べている（「樹木を組み込んだ耕地利用」、『地球圏・生命圏の潜在力』所収、二〇一二　京大学術出版会）。ただし、私には「構想力の論理」が農法論としてどのように具体化できるのか、まだピンときていない。

4　作りまわしから「生きまわし」の循環の農法へ

農業とは「いのち」を育てながら「殺す」という、生と死の絶対的な矛盾によって成り立つ。農業は、「生きる」と「殺す」、「共生」「永続」と「排除」「破壊」の絶対的矛盾を根本において抱えているのである。農業の歴史は、「いのち」の生長を邪魔するものとしての「雑草」「害虫」を排除、抹殺してきた歴史でもあった。その結果、過度の労働集約化による雑草防除、害虫駆除、そのための農薬多用などの問題が生じてきた。また、収量増大と安定のために過度の品種改良、過度の肥料投下もされてきた。さらに農業は「個」を殺しながら、「種」としては永続させて、次の年の収穫につなげていく。人間に都合のよい「種」の選択、品種改良と排除を行ってきたのである。

かつては農業の多面的機能の一つとして環境保全機能が強調されていたが（祖田修『農学原論』二〇〇〇　岩波書店）、今や環境破壊の元凶であるとさえ主張される。農業とはそもそも「超ええない則」を「超える」ものだという見方が、環境問題の視点から提起されている。

最近の外国の研究を紹介する。コリン・タッジは『農業は人類の原罪である』（原著一九九八、翻訳二〇〇二　新潮社）という刺激的な翻訳タイトルの本で、農業革命は環境を破壊し、多くの大型生物を絶滅に追いやり、共存していたネアンデルタール人も絶滅させたと主張する。ユヴァル・ノア・ハラリの『サピエンス全史』（原著二〇一一　翻訳二〇一六　河出書房新社）においても、一万年ほど前からの農業革命による食糧の増加は、より良い食生活や、より良い余暇には結びつかず、「農業革命は、史上最大の詐欺だったのだ」（上巻一〇七頁）、「農耕のストレス」（一三二頁）を生んでしまったと、否定的に述べている。ジャレ・ダイアモンドの『人間はどこまでチンパンジーか？』（原著一九九一　翻訳一九九三　新曜社）の第一〇章「農業がもたらした明と暗」、世界的ベストセラーとなった『銃・病原菌・鉄』（原著一九七七　翻訳二〇〇〇　草思社）の第二部の「食料生産にまつわる謎」でも、同様の指摘がされている。

斎藤修は『環境の経済史』（二〇一四　岩波書店）で、日本の森林の歴史を実証的に分析し、森林被覆率がたえず高く保たれているかにみえる日本列島も、徳川前期と幕末維新期の二度にわたって、かなり深刻な森林荒廃を経験しており、日本が古来より緑豊かな、森林崩壊とは無縁な国土であったというのは正しい歴史認識ではないと論じている（一六五頁）。また武井弘一は、『江戸日本の転換点』（二〇一五　NHK出版）で、従来江戸時代は、一見「エコ」で循環型社会であると思われてきた。しかし、江戸農書を紹介しながら、一七世紀から一八世紀半ばまでの新田開発によって、水田の持続可能性は危ういものとなり、江戸中期から水害や土砂流失の危険にさらされた「水田リスク社会」へと転換していったと言う。

これらはたしかに現在の環境問題の視点からは有効な指摘かもしれないが、農法のもつ歴史貫通的な生活＝生産＝生命＝「いのち」の循環的農法の視点からは一面的といわざるを得ないのではなかろうか。一時的な「破壊」があるにしても、農法は復元力をもって修復してきたのである。この点については、江藤彰彦の史料にもとづいた実証的な論文「江戸時代前期における経済発展と資源制約への対応」（大島真理夫編著『土地希少化と勤勉革命の比較史』二〇〇九　ミネルヴァ書房）が参考となる。また、江藤彰彦「村と暮らしの立て直し」（『日本農書全集』第六三巻）、同「『大変』の構造」（第六六巻）、佐藤常雄「日本の国土はいかに開発・保全されてきたか」（第六四巻）、加藤衛拡「近世の林業と山林書の成立」（第五六巻）も参照のこと。

植物栄養学の高橋英一は、生物世界全体が「食べまわし」の食物連鎖の循環原理で成り立っていることを強調した。「作りまわし」から生物世界全体の食べて食べられながら、「生きる」と「殺す」を繰り返しながら、生き続ける「食べまわし」の世界へと展開する（高橋英一『食べて、食べられて、まわる』二〇〇九　研成社）。さらには農・食・医・育など「いのち」にかかわる「世まわし」の人間社会の循環原理が構築される。そして最終的には、生きものすべての「生きまわし」の循環世界へと辿り着くのである。本川達雄は生物の「多様性」と「共存共栄」の二大原理こそが、現在まで生物を生きながらえさせてきたと言っている（『生物多様性』二〇一五　中公新書、『生物学的文明論』二〇一一　新潮新書）。私は、「生きまわし」という言葉を提案して、農業の不可欠性を主張したいと思う。「いのち」を「在地」という場で現象させる農業をこの地上から消滅させてはならない。「生きまわし」の断絶は、結局のところ人類という生物種の消滅なのであるから。

江戸農書は次のように述べている。大蔵永常の『農稼肥培論』（天保年間）は、「人と草木ともに、飲食と肥との相違のみにして、其精気を吸取て身を養ふ理ハ一なり。然し人及畜類ハ動きはたらくもの故、口ありて其肥を取、胃の中にたくハヘ置、腸の内を通る間に其精気を吸上る也。草木ハ動き廻る物に非れハ、水・土を飲食とし、根を以土に含ミある味ひを吸上る也。故に人ハ根を腸の内にとりこミたる也。草木は胃腸を身の外に出したるにて、其理ハかハる事なし」（『日本農書全集』第六九巻七七頁）。

江戸農書として最高の農術水準を示している河内の『家業伝』の著者である木下清左衛門は、「諸草木作ル心持ハ、吾身ト品ヲ同スヘシ。有情〈人の事也〉、非情〈草木之事也〉。違ハアレ共、全陰陽之二気ニヨリテ、人モ草木モ生命ヲ保ニ候ハ、別ニカハリシ事ナシ……利之必法人ト相同シ、畢竟人之口ハ上ニ有リ、諸草木之口者下ニ有ル計リ之事ニ候」（第八巻二一九頁）と述べている。

つまり、人・動物は動きはたらくものなので口から食物を摂取し、腸を通る間に栄養を吸収する。作物は大地に根づいて動かないので根から肥しを吸収するが、生きる原理は両者とも同じだ。人の腸をめくり返したものが、作物の土中の根にあたると言う。生き物として仕組みは一緒なのである。

このような見方は、三木成夫が早くから言っていた。「植物のからだは、動物の腸管を引き抜いて裏返しにしたものだ。根毛は露出した腸内の絨毛となって、大気と大地にからだを開放して、完全に交流しあう。両者のあいだに生物学的な境界線はない。」（『胎児の世界』一九二頁　一九八三　中公新書、同『生命形態の自然誌　第一巻解剖学論集』一九八九　うぶすな書院）。最近、D・モンゴメリー＋A・ビグレーは、土壌中の微生物などを研究して「ヒトの消化管をひっくり返すと植物の根と同じ働き」と述べているが（『土と内臓』二〇一六　築地書館）、江戸後期の農書作者たちにとっては当たり前のことであった。

しかし、生き物たちの形態は違う。下野の『農業自得』（一八四一）は、「此理ハ、人ハ首を上ニし、禽獣ハ首を横、諸作諸草木ハ首を下にして、土中に根入る。夫々に異れども、皆陰陽和合の気を以生長」（『日本農書全集』第二一巻八七頁）すると言う。仕組みは一緒だが、形態が違うからこそ、滞りなく「生きまわし」ができるのである。

江戸中期の医者であり思想家であった安藤昌益は、これを次のようにまとめている。「人ハ、活真通気ニシテ、直耕シテ食衣備ハルナリ。活真、横気ニ回リテ四類ヲ生ジ、四類ノ大小互食スル、乃チ互性ノ直耕ナリ。活真、逆気ニ回リテ草木ヲ生ジ、草木ノ逆気ヲ食フハ、乃チ草木ノ直耕ナリ」（『安藤昌益全集』第一巻八三頁　一九八二　農文協）。江戸農書の作者と同様の世界が開かれている。「活真」とは、「いのちの根源」である。

さらに彼は、「自然」を「自（ひと）り然（す）る」と動詞で読んだ（東條榮喜『互性循環思想像の成立』二〇一一　御茶の水書房）。それまでは「自（おのずか）ら然（しか）り」と副詞としてしか読んでいなかった。自然は運動を本質とする。「在るがまま（存在）」は、「然るがまま」（運動）」により、「成るがまま（変成）」に「まわし（循環）」をするのである。

この「自り然る」活動が天地生成活動である「直耕」なのであり、その一つが「農業」なのである。当たり前だが、「直耕」は農業だけをさすのではない。天の呼気（吸気）は地の吸気（呼気）なのである。「息まわし」である。

生産＝生活＝生命＝「いのち」の循環構造である「広義の農法」は、―身のまわし（ミクロコスモス）―食べまわし―作りまわし―手まわし―世まわし―生きまわし―天のまわし（マクロコスモス）―、という循環構造をしているのである。この農法理解は、安藤昌益の循環思想と通じるし、中世ヨーロッパの宇宙観とも通じているのである（阿部謹也『中世賤民の宇宙』一九八七　筑摩書房）。

5　農藝・農術・農事・農学の重合としての農法

土、作物や家畜と向き合ったとき、農民たちに風土認識、技術認識が生まれ、ミクロ・マクロ的風土技法、養育技術が形成されてくる。狭義の農法＝農業技術体系＝農術である。マクロ的風土技法は、モンスーン気候の東アジアでは共通する部分が多い。ミクロ的風土技術は、中国大陸・朝鮮半島・日本列島と東アジアで、そして各々の地域内においても、異なる部分のほうが多い。養育技術は、時代とともに変わっていき、そして地域によって異なる。

農業は、農家経営・農業経済・農村社会・農政などの社会的関係に関わりの中で行われるものである。この社会的関係を「農事」と呼ぼう。これこそは、各地域によって異なり、最近になるほど農術への規定力が強くなっている。農家が自分たちで決めるのではなく、この農事的関係によって農業のやり方が決められていく。農業経済学はこの農事を主に対象とするものだが、現状では、グローバル経済が進むなかで農事のみを現象的に叙述しているのに過ぎないのではないだろうか。

農術における技法・技術的問題と農事の社会経済的問題の農家なりの調整は、空間的な作付割合と時間的な作付順序からなる「作付方式」として捉えることができる。これは、私の恩師である三好正喜の考え方である（『ドイツ農書の研究』一九七五　風間書房、「過渡期農業経営史の方法に関する一試論」上・下『歴史評論』第三二三、三二五号　一九七七）。そして、私は日本の江戸農書に「作りまわし」という言葉で循環的原理があることを明らかにし（『日本農法の水脈』一九九六）、奈良盆地の作付方式の歴史的展開を明らかにした（『日本農法史研究』一九九七）。

しかし、日本において実証的に作付方式を検討した地域研究はほとんどない。沢村東平の一九五〇年代における一連の研究（『農業技術研究所報告H』三・七・一五・二〇号）と奈良県など田畑輪換を調査した『田畑輪換の経営構造』（一九六〇　農林水産業生産性向上会議）、山田龍雄『九州農業史研究』（一九七七　農文協）、長憲次『水田利用方式の展開過程』（一九八七　農林統計協会）ぐらいである。日本の農業史研究では、作付方式、作りまわしの視点は弱かったといってよい。

次に農学と農術のかかわりについて、奈良県の事例から考えてみよう。奈良県は、一八九四（明治二七）年から一九二四（大正一三）年まで稲の反収が全国一位となり、「奈良段階」と呼ばれていた。これは民間で選抜された多収品種である「晩稲神力」の普及によるものであった。しかし、奈良県農事試験場は、晩稲神力に対して否定的であり、良質米の中稲品種にこだわっていた。稲の品種試験は、在地農村の動きに反して、一九〇一年から一九一三年まではずっと中稲品種で行っており、一九一四年からやっと晩稲品種を加えるようになった。稲品種試験の重点は、やがて純系淘汰試験による優良品種の選抜に移り、一九二〇年に奈良晩神一、二号を選抜した。これは、農家ではできない技術であった。

稲と裏作物の組み合わせ「まわし」の研究は、在地での盛行を目の当たりにして、一八九六（明治二九）年から麦・豆・紫雲英で試験している。試験場としては、紫雲英を奨めていたが、結果は奈良盆地で従来より行われていた蚕豆が最も好結果であった。こうした輪作試験は、一九一四（大正三）年で終了となる。一九二三年と二四年には、県下各地より蚕豆の六品種を集めて品種改良試験を行っている。作付方式の研究を総合的に継続研究するには至らず、個別作物の改良に終始した。

もう一つ重点的に取り組んだのが、一九〇一（明治三四）年から始めた西瓜を中心とした蔬菜作や果樹作の試験研究である。県下各地から品種を集めるとともに、一九〇三年にはカリフォルニアから西瓜三種を取り寄せている。さらに、一九二三（大正一二）年から西瓜の純系淘汰試験を始め、一九二六年には「大和西瓜」の純系二～四号を決定している。

しかし、これも継続的には行われず、果樹へのボルドー液を使っての病虫害対策、西瓜の蔓葉枯病に対する石灰ボルドー液、銅石鹸液、石灰硫黄合剤の比較試験など要素技術の研究が中心となる。

農学士たちの研究態度は、「作りまわし」＝作付方式全体をシステムとして問題にすることなく、

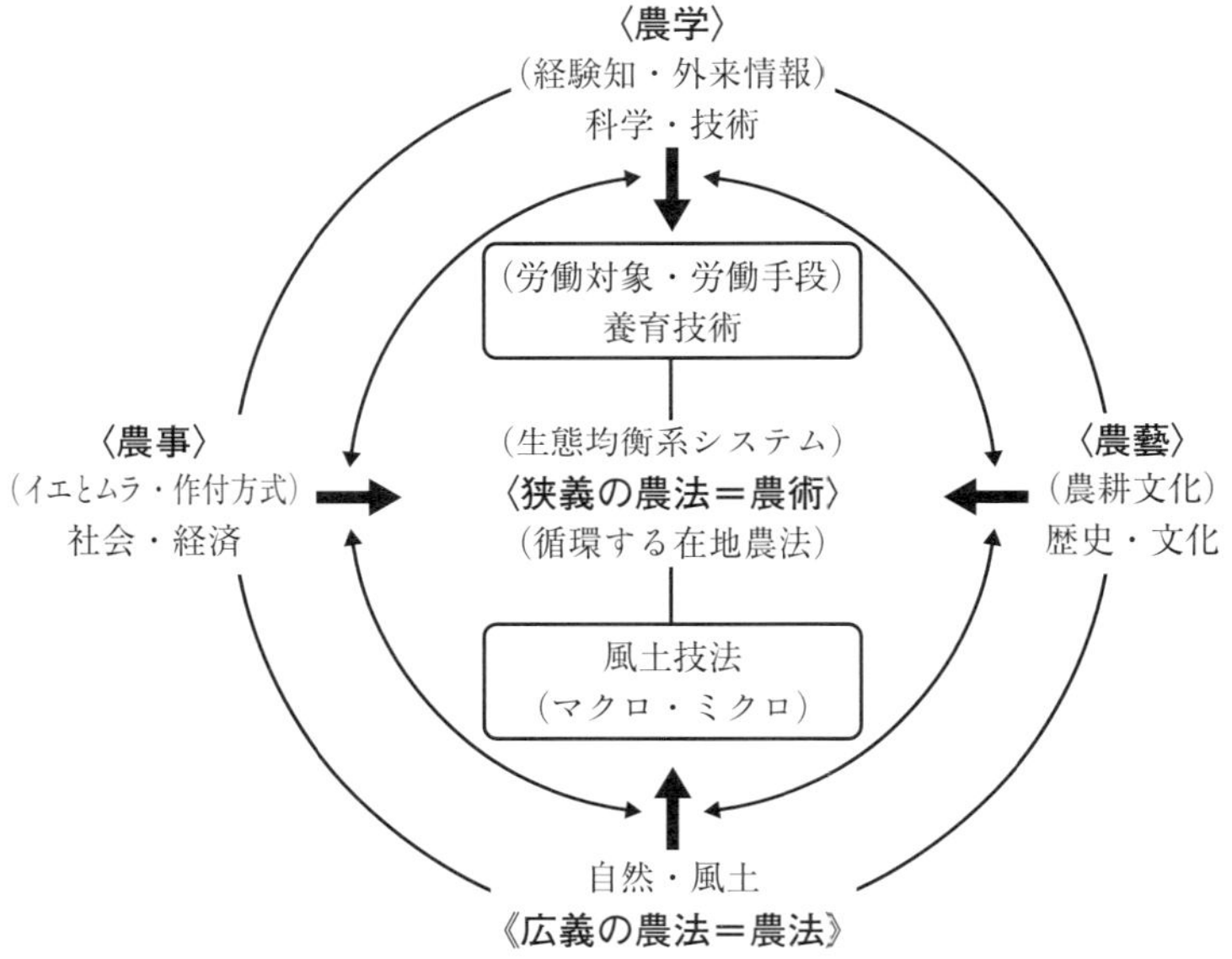

図3　広義の農法の構造

個別作物や要素技術の学理による研究成果を在地の農業に役立てるというものに変わってきている。一方農家の側でも、役に立つものならどんどん受け容れていった。試験場の学理と在地の経験との関係は、融合というより相補的とでもいうものであった。

こうしたことから、一概に「近代農学」を農家の現場と離反していたとして批判することは誤りである。農事試験場が在地の動きを全く無視していたわけではなく、それなりの研究をして農家に貢献していた。農家は自身の判断により農術の成果を取捨選択していたのである。本書七七頁の図2のとおりである。

こうして、農藝、農術、農事、農学

のかかわりの中で、広義の農法が形成されていたのである。つまり「広義の農法」は、農藝・農事・農学との関わりあいの中で、「循環」する農術を組み立てていたのである。まとめれば、図3のようになる。まだ、各々の関係などを十分に展開できているとは言えないし、私自身〈農藝〉（農耕文化）に惹かれてしまい、〈農事〉への関心が薄いことも承知している。今後さらに検討していきたい。

以上の私の見方は、『農業は農業である』（一九七一）に始まり、『農業にとって技術とはなにか』（一九七六）で閉じられた守田志郎の農法論の影響を強く受けている。一九七五年前後に農法論の論争が行われたが、その後に理論的な深化はほとんどなかった。日本では『農学原論』と名のつく書物は、柏祐賢（一九六二　養賢堂）と祖田修（二〇〇〇　岩波書店）の二冊しかない。今後、守田農法論を現代的に発展させ、「日本が吹っ飛ばない」、日本列島の歴史と文化に根ざした「日本農学原論」を構築していく必要があるだろう。

第五章　日本農法の原理と展開

1　日本農法の原理〈まわし・ならし・合わせ〉

これから日本農法の原理と歴史的展開について述べる。日本農法という場合、私が長年研究してきた奈良県の大和農法と江戸農書からイメージしている。西南暖地の農業であり、東北寒地の場合は違う面もあることを予めお断りしておく。また農法といった場合、狭義の農法＝農術が歴史的展開のメルクマールになっているが、生産＝生活＝生命＝「いのち」の広義の循環農法としての「日本農法」についても考えている。

さて、江戸農書ではどのような考え方で農書が書かれていたのだろうか。ここで一つ例を紹介する。水田を何年かに一度畑として利用する田畑輪換によって、田に綿を作る田方綿作が広く行われていた大和の奈良盆地の農書「山本家百姓一切有近道」（一八二三）に、次のような記述がある。「わらを考て其辺の田廻り・綿廻りの田ぐめん、水田廻りか大体うらけのあんばいもある」（『日本農書全集』第二八巻二四五頁）、「隙な時働きまわしをして、年中ならしにかけるなり」（同二六七頁）、「十五日先の心得有るなら、随分手廻りハできる物なり」（同一六〇頁）。

近畿地方のような土地利用の高度化がかなり進んでいる地域では、「田廻り」「綿廻り」「水田廻り」といった表現で、輪作、ローテーションが考えられていたのである。これを「作りまわし」と表現することにする。

しかも、この農書では「働きまわし」「手廻り」と言うように、働き手たちの「手」を上手に回すことが肝心と言っている。「まわし」、つまり「循環」が、土地と作物、それらを管理する農家のあり方として意識されているのである。

さらにもう一つ、「ならし」という表現もある。農繁期の労働の集中を分散させるために、労働量をならして、平準化することが必要であると言うのである。さらには農術の平準化、富の平準化も進む。宮本常一は「財産平均化」の姿を次のように言っている。「学者たちは階層分化をやかましくいう。それも事実であろう。しかし一方では平均運動もおこっている。全国を歩いてみての感想では地域的には階層分化と同じくらいの比重をしめていると思われるが、この方は問題にしようとする人がいない。実はこの事実のなかにあたらしい芽があるのではないだろうか」（『忘れられた日本人』岩波文庫版二九九頁）。

「まわし」、「ならし」、循環と平準が江戸農書の原理だったのである（徳永『日本農法の水脈』一九九六　農文協）。

もう一つ、別の視点から江戸農書を考えてみよう。「日本農書全集」に収録されているおよそ七〇〇点の江戸農書において、「害虫」、「雑草」という言葉は、なんと各一回しか出てこない（「日本農書全集」別巻　二〇一一　農文協）。百姓たちは、害虫や雑草という見方をしていなかったのだろうか。いや、江戸農書には害虫の駆除や雑草の除草のことはたくさん書かれているので、知らなかったわけではない。なぜ特別に害虫や雑草といった言葉を生み出さなかったのだろうか。

尾張の農書「農業時の栞」は一七八五年までに書かれたものであるが、「何事も中道か宜シ。古人の処謂過たるハ猶不及と宣へり」、「作方も十分なるハあしく、九分目成ルがよろし」（第四〇巻八五頁）と、「中道」といった折り合いをつけて、過剰な肥培管理を批判している。そして「其土地を能見計ひ、勘弁を廻らし、其土地々々に応様に作る人を、巧者成ル百姓とハいふ」（同一一八頁）と、「土地相応」の考え方が見られる。

つまり、百姓たちは収量の最大化を求めて、ついつい過剰な肥培管理を行ってしまい、「中道」、「相応」を過ぎてしまうのである。しかし、それでは逆に病虫害にやられてしまい、最大の収量は得られない。結局のところ、最適の「相応」へと落ち着いていくのである。

以上のように江戸農書には、「中道」「相応」という言葉で一貫した農業の見方があった。収量と収益の最大化を求めながら、何とか折り合いをつけて、農業の永続性を保証してきたのである。農業は、「生きる」と「殺す」、「共生」「存続」と「排除」「破壊」の絶対的な矛盾関係を統一しながら、永続性を保証してきたのである。あれかこれかの二者択一ではなく、「相応」に「折り合い」をつけて、「合わせ」てきた。

自然と人間、作物と農家の折り合いの付け方、塩梅を「合わせ」（和合）と名付けよう。農業と自然の矛盾的関係はどちらかに揺れることがあっても、結局百姓たちは「合わせ」ることで来年の、これからの農業の永続性を保証してきたのである。受身的に見えるが、これが百姓の体験的知恵なのであり、現代でいう「雑草」や「害虫」の考え方が広まらなかった根本の原因ではないだろうか。超えない則を「体験的にさとる」とは、まさにこの「合わせ」によるものである。広義の日本農法は、「まわし」・「ならし」・「合わせ」から成り立っている。

「まわし」という循環、「ならし」の平準、「合わせ」の和合が、江戸農書、日本農法を貫く三つの原理だったのである。

2　日本農法の展開〈天然農法→人工農法→天工農法〉

それでは実際に日本農法がどのように展開してきたかを、私が研究してきた奈良盆地の大和農法の例で具体的に紹介しよう（徳永『日本農法史研究』二〇〇〇　農文協）。

一四世紀頃から湿田の乾田化がすすみ、地域の村々で順番を決めて河川から水を取りこむ番水制が行われる。こうした基盤整備が整うと、田のあぜなどの草を刈りこんだ刈敷などの植物性肥料が施されるようになり、収量の増大を目指すようになっていく。そして不安定な収量増大を安定化させるために、地面に接する犂床の長い長床犂による深く耕す技術が開発されていくのである。一四世紀から一七世紀にかけて〈基盤整備→多肥→深耕〉のスパイラル的な循環的発展が、進んでいく。

江戸時代の稲と綿の田畑輪換の作りまわしの際には、〈一七世紀末から一八世紀初めの溜池の新築による基盤整備→一八世紀半ばからの菜種油の搾りかすである種粕と焼酎の搾りかすである干粕をたくさん施す多肥化→一九世紀の備中鍬による深く耕す深耕〉という大きな変化があった。

次いで明治時代に入り、田の一部を盛りあげた「ぐろ」と呼ばれる部分に果樹や桑を植えるぐろ栽培と晩稲の品種「神力」の連作の作りまわしの場合には、〈一九世紀後半の溜池の増改築による基盤整備→二〇世紀に入って大豆粕による多肥化〉であり、次に深耕へとすすむべきところが、市場などの外部条件「農事」によって一時的に中断されてしまう。

大正末期からの晩稲の品種「旭」と西瓜・野菜との田畑輪換の作りまわしになると、〈一九二〇年代の耕地整理事業による基盤整備→同時に硫安などの化学肥料による多肥化→一九二〇年代後半からの高北新次郎によって開発された地面に接する犂床が短い高北式短床犁による深耕〉という展開であった。

つまり、奈良盆地の在地農法としての大和農法では、〈基盤整備→多肥→深耕〉という生態均衡系システム、農術の展開の法があったのである。最初に述べた風土技法と養育技術の視点からみれば、〈ミクロ的風土技法すなわち土と水の土台づくり→養育技術：肥力づくり→広義の地力づくり〉という法であり、スパイラル的な循環的発展であったといえる。農業が太陽の光のもとで土、水とともに営まれている限りは、この農術の展開の法が貫いている。仮に新しい農術が生み出されたとしても、この法にかみ合っていなければ在地に普及することなく埋もれてしまうのである。

さて、ここで戦中戦後の大きな変化を、少し詳しく紹介しておこう。昭和三十年代前後の実際の作りまわしの事例である。現在の磯城郡田原本町のA家は、戦後からずっと毎日の農作業や家・村での出来事を記録していた。毎年の表作・裏作、その小字の田一枚ごとの変化が、一九四八年から一九八一年まで連続して三四年間にわたってわかる。

米と麦の強権的供出体制が一九四六年頃まで続き、自由な作付は許されなかった。そのため一九四七年までは「稲」と書かれるにすぎなかった。一九四八年から稲の品種名が書かれるようになったことから、農家の稲栽培、増産への意欲が窺い知れよう。稲の品種を次々と変えているのも、より多収の品種を求めてのことだった。

西瓜が表作で毎年どこかの田で畑（カラケ）として作られている。これは、戦前から行われていた晩稲と西瓜の田畑輪換が、戦後も続いていることを示している。田畑輪換とは、本来表作に水田として稲を作付するかわりに、畑として利用することをいう。西瓜がなくなるのは、昭和四十年代半ばである。田畑輪換は、江戸時代の初めから形を変えながら四百年間もの間続けられており、奈良盆地の伝統的な作りまわしであった。

その場合、小字全体をブロック化して畑にすることが多かった。村の年初の寄り合いなどで、どこを畑地化するのか決めた。そのため、村人同士で貸し借りすることもあった。「代り」と書かれている。つまり、作りまわしは村の世間もお互いにまわしていく「世まわし」であったのだ。

もう一つ特徴的なことがある。一九六五年の裏作を最後に蚕豆が消えてしまう。多くはないが、それまではどこかの田で作られていた。古くは救荒用としてなくてはならぬものであり、また空中窒素を固定化するマメ科作物なので地力維持の機能を果たしてきた。実はこの蚕豆、「大和豆」と呼ばれるくらい江戸時代の初めから営々と四百年間にわたって作り続けられていた。

つまり、奈良盆地中央部の昭和三十年代までの作りまわし、世まわしの「まわし」の世界は、江戸時代からの伝統的なものだったといえよう。

一九六七年から再び稲品種が書かれなくなり、一九七五年以降フヨウ種のみとなる。一九七〇年代からの減反という「農事」で、農家の米への熱意は失せたに違いない。それでは、昭和四十年代から農業生産の中心は何に変わったのだろうか。一九六三年に田の一部にハウスが入り、胡瓜や茄子が栽培されはじめている。そして固定式のハウスとなって、イチゴ中心の経営に変わる。裏作麦は一九六七年から作られなくなる。昭和四〇年代から作りまわしがなくなり、田は稲単作となり、固定式の施設園芸へと変わったのである。

もう一つ農家記録を紹介する。奈良盆地中央部の大和郡山市のB家では、一八九五年から百年以上にわたって代々農業経営の記録を書き続けている。残念ながら一筆ごとの作りまわしはわからないが、農業生産の変化の様子が実によくわかる。

明治中期から戦後しばらくまで、伝統的な作りまわしが続けられていた。一九四四年から米の供出がはじまり、麦の供出は一九四七年からである。一九五二年から麦の自由販売ができるようになり、一九五八年に養鶏を始めて現金収入の途を開いていく。しかし、一九六八年にニューカッスル病が流行し止めている。

裏作では一九六三年から蚕豆がなくなり、一九六六年に麦が消えている。一九七〇年に米の減反がはじまっている。一九六〇年からトマトが入り、キュウリを組み合わせた作型となり、一九六四年からはイチゴを加えている。一九六六年に初めて小型のビニールハウスを入れ、一九六八年に養鶏をやめたのを機にトンネル型ハウスを入れて、本格的なイチゴと秋トマトの作型の施設園芸の農業経営へと転換していった。こうしてみると、B家の昭和四〇年前後での作りまわしの消滅は、先のA家とほとんど一緒であったことがわかる。

戦前から預け牛をしながら飼っていた牛は、一九五七年から耕耘機の共同使用がはじまり飼われなくなった。一九六七年の自家用の耕耘機を購入したのを皮切りに、一九七二年小型耕耘機、一九七三年稲扱機と籾摺機、一九七四年乾燥機、一九七五年田植機、一九七七年コンバイン、一九八〇年テーラー、一九八二年トラクターと、急速に養育技術の労働手段である機械化がすすんでいった（詳しくは、徳永「農業における作りまわし」『科学』第七二巻一号　二〇〇二　岩波書店）。つまり、作りまわしの消滅は、西南暖地の典型としての広義の大和農法からの逸脱であった。

以上は、私が研究してきた奈良盆地の例であった。これを参考にしながら、ここで少し地域を広げ、時間軸を伸ばして、日本農業史の大きな見取り図を簡単にスケッチしてみよう。

今からおよそ七〇〇〇年から六〇〇〇年前に日本列島では、穀物や豆類の単なる採集からやや栽培に近い初期的な半栽培や栽培が始まったと考えられている。そして四〇〇〇年前頃にはイネやその他の植物栽培の比重が高まったことが、考古学の成果などでわかっている（宮本一夫『農耕の起源を探る』二〇〇九　吉川弘文館、池橋宏『稲作の起源』二〇〇五　講談社）。農耕らしきものが行われていくが、その時には無肥料で全く耕さない不耕起であり、もちろん農薬などはない。全くの自然に依存した循環が維持されていたと考えられる。岩澤信夫がいう不耕起栽培である（本書六五～六七頁）。約二八〇〇年から二七〇〇年前に朝鮮半島南部などから水稲農耕が伝来したと、現在では考えられている（石川日出志『農耕社会の成立』二〇一〇　岩波新書、松木武彦『列島創世記』二〇〇五　小学館）。肥培管理などが少しはやられるようになってきたが、基本的には自然の循環、まわしに依存した段階であり、この時期の農法を「天然農法」と名付けることにする。

その後少しずつ耕地の開発がすすみ、水稲農耕が普及し、水田面積は拡大していく。近畿地方では一二世紀頃より二毛作が行われ始め、西日本では日照りや寒さに強い、現在では赤米などの名で知られている大唐米が作られるようになっていく。徐々に農業の形が自然への依存から、人間の手で肥培管理するように変わり始めていく。

ここで日本農業を大きく変える道具が出現する。日本最古の農書である『清良記』巻七「親民鑑月集」を研究した伏見元嘉の研究によれば（『中近世農業史の再解釈』二〇一一　思文閣出版）、一四世紀頃と考えられているが、水や土、人糞尿などを運搬できる、細長い板を並べて箍でしめた桶、箍桶（たがおけ）である。運搬手段が手や小さな容器だったものが、箍桶で今までよりも大量に遠くまで運べるようになったのである。これまでの農業史研究では見過ごされてきたが、この箍桶により自然循環のフローの流れを断ち切って、ストックを利用する考え方が芽生えてきたと考えられる。この大きな転換を「農法革命」と呼びたい。市場取引が盛んとなる中で、市場向けの商品作物の栽培も広がっていく。なお寺西重郎は、鎌倉新仏教の易行化が、日本の経済システムにおける経済的価値観の源流となったと論じている（『日本型資本主義』二〇一八　中公新書）。

話は違うが、建築史においても新たな道具の出現が、技法と技術を変える場合がある。西岡常一は、室町時代にそれまでの槍鉋（やりかんな）が消えて台鉋が使われるようになり、板も鋸で挽くようになり、便利さが追求されるようになる。すると見せてやろう、不自然なものを使おうという技術が先立つようになると言っている（『木のいのち木のこころ（天）』六三～六五頁　一九九三　草思社）。宮大工の西岡常一の見方は、日本農法史を考える上でおおいに参考となる。

こうして人間の手により人工的に自然を変えていく、一四世紀頃よりの農法革命によって、「人工農法」へと徐々に転換していくのである。ただし、自然循環を一部分切断し、農術に変化が生じながらも、大枠においては広義の循環農法は維持されていた。耕地面積を拡大していく外延的拡大はまだ続いている時期であり、この時期を人工農法の第1段階としよう。

一六世紀の末に太閤検地が行われて、兵農分離が進み、一七世紀には江戸に徳川幕府が開かれる。新田開発が進むが、やがて「開発限界」に達し、里山や森林の資源も限界に達する。これが斎藤修や武井弘一が指摘している状況である（本書九五頁）。そうした中でこれまでの外延的拡大から、限られた耕地面積の中で内包的に発展させていく農術への転換が始まる。小人数の単婚小家族を中心とした労働集約的な多毛作農法へと変わる。これを人工農法の第2段階とする。

一九世紀半ば過ぎの明治維新により、近代国民国家が成立し、資本主義が展開していく。地租改正が行われて土地所有権が確立し、欧米近代農学が導入されていく。これまでの在地の経験を主とした農業のやり方が、分析による要素主義的な近代農学をも取り込んだものに変わっていくのである。試験場や現在の農協のような農会などが整備されていき、農民たちに肥料や品種などの近代知識が蓄積されていく。これを人工農法の第3段階とする。

二〇世紀前半の昭和戦前期より、化学肥料としての硫酸アンモニウム、硫安が使われ始め、化学農薬としてのボルドー液などが出現する。また耕地整理が進む中で、揚水機として動力ポンプが使われ始める。明らかにこれまでと様相が違い始めてくるのである。これを人工農法の第4段階とする。ただし、この時期には化学肥料や化学農薬に反対する「民間農法」が生まれていたことに、注目しておく必要がある（本書五九頁）。

一九四五年の敗戦により、アメリカ軍主導で農地改革が断行され、小作地が解放されて自作農体制が確立する。その後はアメリカの世界的な農業戦略に依存しながら、日本農業は再編されていく。

一九六一年の農業基本法の施行から、化学肥料と化学農薬の多投、トラクターや田植機、コンバインなどの機械化一貫体系、ビニールハウスの施設など、これまでとは大きく様変わりした農業となっていった。水田の米での大規模化、野菜などでの法人経営の展開など、これまでの伝統的で小規模な家族経営から新しい動きが見られるようになった。自然循環をほとんど切断した農業へと劇的に変質していくのである。これを人工農法の第5段階＝脱・日本農法とする。ここで、脱＝日本農法というのは、それまでまがりなりにも維持されてきた広義の循環農法から逸脱するという意味である。

一九八〇年代からのグローバルな世界市場が成立するに及んで、もはや農業内部での論理ではなくグローバル市場の論理に左右される状態が生まれてきた。遺伝子操作などによるバイテク、ハイテク技術の発達は、さらに自然循環から逸脱させていくことになる。人工農法を超越しているという意味で、超・人工農法＝脱・日本農法と言っていいかもしれない。

以上の動きをまとめれば、人工農法の第1、第2、第3段階、とりわけ江戸農書が誕生し展開してきた人工農法の第2段階で、まわし（循環）・ならし（平準）・合わせ（和合）の三つの原理による日本農法が自覚的に形成された。昭和戦前期の人工農法の第4段階でもまだそれなりに維持されていた。

しかし、一九六〇年代からの高度経済成長、一九八〇年代からのグローバル化は、それまでの三つの原理を歪め、まわさず（効率）・ならさず（競争）・合わさず（対立）の人工農法の第5段階＝脱・日本農法へと劇的に変質させていった。わずかこの五〇年ほどの事である。守田の言う「概念としての技術」が成立し、工業化していくということである。今後この方向は、第四次産業革命、ＡＩやロボット、そして最近のＩｏＴなどのスマート農業の進行により、さらに加速化されるであろう。

これに対し、第4段階で生まれた「民間農法」のように、農民たちから反対する動きが出てきている。先ほど紹介した反・人工農法第5段階＝脱・日本農法としての有機農業、自然農法である（本書六一～六四頁）。それらは成熟して大きな流れになりつつある。まさに両者がせめぎあい、混沌とした状況にあるといえよう。

最後に日本農法の歴史を、風土に規定された「風土技法」の地域的多様性を認めながら、風土・自然と人間がどのような「養育技術」の関係であったのかの視点で、総括してみたい。

日本農法は、自然、風土に大きく規定された「風土技法」中心の天然農法の段階から、一四世紀頃より人の力、技で自然を変えていこうとする「養育技術」中心の人工農法へと移ってきた。これからの二一世紀には、人工的な農術部分を見直しながら、自然と人間の調和的な関係を保つために人工部分を有効利用しながら、「風土技法」と「養育技術」が融合した、天然と人工がより高いレベルで融

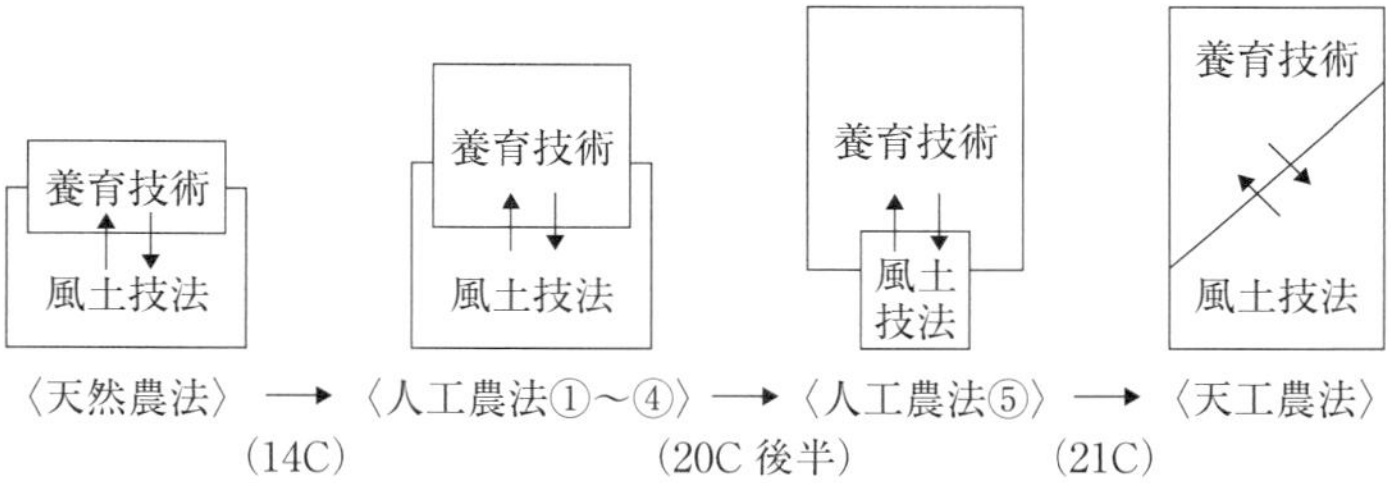

7000 ～ 6000 年前　穀物や豆類の半栽培・栽培
4000 年前　イネ他の植物栽培の比重高まる
まわし（循環）・ならし（平準）・合わせ（和合）の日本農法
——— *自然循環の維持* ———　　自然の日本農法
農耕開始　冬期灌水　無肥料　無農薬　不耕起
2800 ～ 2700 年前　朝鮮半島南部からの水稲農耕の伝来 **天然農法**
——— *自然循環の維持から切断へ* ———　　***農法革命***
外延的拡大（水稲農耕の普及　開田　12C　二毛作の開始　14C　大唐米）箍桶の出現
自然循環を切断しながらも維持 ———　　日本農法の自覚化
14C　乾田化（基盤整備）⇨多肥化（増収）⇨深耕化（安全）
外延的拡大は、まだ続く　　**人工農法①**
17C　太閤検地　**幕藩体制**　　中国陰陽思想　近世農学
開発資源限界　内包的発展への転換　小農家族集約多毛作農法　**人工農法②**
19C 半ば　**近代国民国家・資本主義**　　欧米近代科学　近代農学
地租改正　　**人工農法③**
20C 半ば　硫安　ボルドー液　動力ポンプ　**人工農法④**
⟺民間農法　**反・人工農法④**
1945 農地改革　**アメリカの農業戦略**
自然循環の完全な切断 ———　　日本農法からの逸脱
1960 年代～　施設化・化学肥料・化学農薬・機械化　**人工農法⑤**　　現代農学
水田・米での大規模化、野菜などでの法人経営など伝統的な小農家族経営からの新展開
1980 年代～　**グローバル世界　地球環境・資源問題**　⟺自然農法・有機農業　**反・人工農法⑤**
バイオテクノロジー技術（超・人工農法）（低投入・内部循環・自然共生）
——— *自然循環の切断から再興へ* ———　　***農法革命***
21C　**まわし（循環）・ならし（平準）・合わせ（和合）の日本農法**　日本農法の再興
天然農法と人工農法の統合としての**天工農法**　　反科学でない新農学

図 4　日本農法史の見取り図

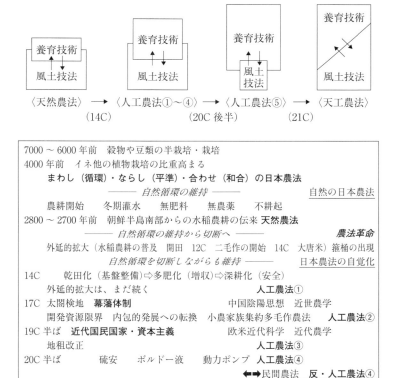

合した新しい「天工農法」を創出していく必要があるのではなかろうか（藤井平司『甦れ！　天然農法』一九八三　新泉社）。

その原理は、人工農法の第2段階で、江戸農書で自覚化された、まわし（循環）、ならし（平準）、合わせ（和合）の三つである。これらが再び見直されなければならない。各地域に固有の在地農法としての天工農法である。〈天然農法→人工農法→天工農法〉という展開である。以上を、日本農法にかかわる自前の手作りの概念装置として提案する（内田義彦『作品としての社会科学』一九八一　岩波書店、『読書と社会科学』一九八五　岩波新書）。なお、『日本農法の天道』における〈自然農法→人工農法→天然農法〉という主張は、このように修正する。

一九七〇年代からの自然農法や有機農業による、人工農法の第5段階＝脱・日本農法に反対する試行錯誤の中から、新しい芽が育ち膨らんできている。低投入・内部循環・自然共生は、まわしの再興である。また水田のコメでの規模拡大、野菜などでの法人経営の展開など、伝統的な小農家族経営であった人工農法の第2、第3、第4段階を脱する新しい方向性も生まれている。以上、風土技法と養育技術の関係の推移、日本農法史の見取り図をまとめたものが、図4である。

3　二一世紀における農法革命

多くの農業経済・農業経営の研究者が、日本農業の将来像を描いている。生源寺眞一は、専業・準専業の経営と小規模経営との共助共存が必要だと言い（『日本農業への真実』二〇一一　ちくま新書）、本間正義は、日本型農業発展の道として食糧生産を担う大規模経営の必要性を（『農業問題』二〇一四　ちくま新書）、大泉一貫は、付加価値の高い成熟先進国型農業への転換を説く（『希望の日本農業論』二〇一四　ＮＨＫブックス）。荒幡克己は『減反廃止』（二〇一五　日本経済新聞出版社）において、規模拡大×集約度（単収向上×耕地利用率向上×複合化）という構想を示している。

神門善久は、現在の農業を、①週末農業などの趣味型農業　②大規模と小規模あり、化石エネルギー多投入型と粗放型あり、有機栽培と慣行栽培あり、と多様な形態であるがいずれもマニュアル依存型農業　③総じて小規模・小資本・労働集約で「技能」を持つ農家による技能集約型農業、の３タイプに分け、これからは③の技能集約型農業が中心になっていくだろうと言う（『日本農業への正しい絶望法』二〇一二　新潮新書）。

小規模、大規模など様々であるが、有機農業、自然農法に関して、積極的な意味での十分な言及、検討はなされていないように思える。

最近、小さな農業、小農論が主張されており（たとえば『農業と経済』第八四巻一号「特集　小さな農業に光あれ」二〇一八　昭和堂、『季刊地域』第二六号「小農の使命」二〇一六　農文協など）、神門の技能集約型農業も小規模農業を志向している。二〇一五年には「小農学会」が設立された。研究史をふり返れば、小農擁護をはっきりと主張したのは、作物学の津野幸人『農学の思想』（一九七五　農文協）であろう。津野はその後、『小農本論』（一九九一　農文協）、『小さい農業』（一九九五　農文協）と小農擁護の立場を先鋭化していく。ただし津野は、有機農業・自然農法に対しては一貫して「情緒的に過ぎる」として距離をおき、「農法での奇道はかならず廃る。残ったのは伝統的集約農法という王道だけである。この王道は、いわば自然の営為を人間が代行するがゆえに永続するし、農地として大改造した環境も人為が加わらなくなると、もとの自然に復元するのである」と述べている（『小さい農業』一八七頁）。

さて、最初に取り上げた守田志郎の『小農はなぜ強いか』（一九七五　農文協）であるが、守田の小農論をもう一度確認しておこう。小農とは小規模という耕作面積のように捉えられがちだが、守田自身もそのように考えてきたが、「最近では、小農というのは、家族が中心になっている農業的な生活のすべてを意味しているのだと考えるようになった」（人間選書版三一頁）、「家族が、これは私たちのやっている農業だ、ということのできる農業生活と生産」「農家はみな小農なのである」（三二頁）。つまり、守田にとって小農とは、生産＝生活＝生命＝「いのち」を循環させて農法を行っている家族経営なのである。

折しも国連が「国際家族農業年二〇一四」を決めて啓発活動を行い、国際的に小規模・家族農業への関心が高まっている。さらには二〇一九年から二〇二八年までの一〇年間を「家族農業の一〇年」とすることを決めた。日本で早くから家族経営に注目していたのは、吉田寛一らの東北大学のグループである（吉田『家族経営の生産力』一九八一　農文協、『現代家族経営論』一九九五　農文協）。吉田のもとで学んだ萬田正治（小農学会代表）は、『生活農業の時代』（二〇一〇　南方新社）を主張している。

これまでの人工農法の成果、新たなＡＩ、ＩｏＴなどのテクノ技術、スマート農業を取捨選択して受け継ぎながら、内部循環・低投入・自然循環の成熟した有機農業・自然農法、小農、家族経営の三つの問題といかに結び付けて、「日本農法論」として統合して考えていくかが二一世紀において問われている。小農学会の代表である山下惣一は、「近代化を超えるということはけっして昔に戻ることではない。いまさら戻れないし戻る必要もない。近代の技術と経験を活かして、原理原則を、けっして行きづまることのない循環、まわしの基本に到達させることだ。」（『ザマミロ！　農は永遠なりだ』一〇二頁　二〇〇四　家の光協会）と言い切っている。時代情況を試行して〈高度〉資本主義論を展開する吉本隆明は一九八九年に、「小さな自立農が階層的な格差もなく並びたっていて、自分たちの利益が促進されるかぎりにおいての共有関係をつくり上げていく、……それが日本農業における理想です。」と述べている（『吉本隆明〈未収録〉講演集〈3〉農業のゆくえ』一二八頁　二〇一五　筑摩書房）。

ただしここで忘れてならないのは、新しい創造の芽はいつも現場の農家の中から生まれてきたということである。江戸農書のところで紹介したが、『農業全書』を鑑として、日本各地で百姓たちは工夫して、地域の自然・風土に適応した在地農法を開発してきた。これからの二一世紀、まわし（循環）・ならし（平準）・合わせ（和合）の日本農法の原理を意識的に再興する天工農法の確立へと、農家自身の手によって進んでいくのではないだろうか。私にはまだ具体的にこのようなものだと農法像を描く力はない。しかし、これしかないといった独善的な発想、研究者の評論家的発想ではなく、試行錯誤しながらも農家自身の手によって統合されていくだろう。

生物種としての人類が永遠に続くわけではないが（加藤典洋『人類が永遠に続くのでないとしたら』二〇一四　岩波書店）、一四世紀に天然農法から人工農法への大転換があったように、二一世紀には人工農法から天工農法への大転換、農法革命が進むのではないだろうか。

「歴史の峠」（財政学：神野直彦『「人間国家」への改革』二〇一五　NHKブックス）に立ち、「下山の時代」（言語生態学：鈴木孝夫『日本の感性が世界を変える』二〇一〇　新潮社）に入った「長い二一世紀」（経済評論：水野和夫『資本主義の終焉と歴史の危機』二〇一四　集英社新書）において、これから「第三の定常化の時期」（公共政策：広井良典『ポスト資本主義』二〇一五　岩波新書）、「軸の時代Ⅱ」（社会学：見田宗介『現代社会はどこに向かうのか』二〇一八　岩波新書）を迎えようとする歴史的転換期において、「農法革命」が進んでいくのではなかろうか。

第II部

江戸農書に見る日本農法

日本文化の原郷としての農書

「日本農書全集」全七二巻の中から、どれか一つの農書を選んでじっくり読んでいくのは楽しい。津軽の農書『耕作噺』（一七七六）をひもとけば、「去ば、漢家に斉民要術、農政全書等の書有而農書に乏しからず」。ほう、中国の農書も伝わっていたのか。「我朝に於ては古より農事の書有ことを聞かず。然るに貞享の頃筑前の産宮崎安貞といへる翁、貝原篤信と心を合せ、農業全書を作りて普く民間に行ひ、勧農の補益とす」。やっぱり『農業全書』というのは、当時から有名だったんだな。「其後に至て農術鑑正記、勧農固本録、農制随筆、農家貫行、民間備荒録等の著連綿と行れて農業耕植事業頗る備れり」。ふむふむ、たしか『農術鑑正記』と『民間備荒録』は、「日本農書全集」に入っていたぞ。

「農事は其国其土地により異同有て、東西南北の四方各一様ならず。……故に耕作の業は能く其国土地の事に詳かならずしては、その功を得る事かたかるべし」（以上は「日本農書全集」第一巻一七頁）。おっー、こりゃすごいこと言いよる。その土地土地で風土も歴史も違うんだから、農業のやり方が違っているのも当然だ。この農書の作者、ようわかっとんなー。そして結論として、「日本国を廻る共、花の都花の江戸大坂名古屋も生国にしく事なく、又御国中を廻るとも御城下湊の賑ひも生れ在所にしく事なし」（同二一頁）と、生まれ在所への誇りを述べるのである。

ところで、中国の農書はどれくらい普及していたのだろうか。一つ一つ農書を調べることは、容易でない。しかし、「日本農書全集」別巻『収録農書一覧　分類索引』（二〇〇一）の「分類索引」中の「U　書名」をひもとけば、たちどころにわかる。

『斉民要術』は、『民間備荒録』（一七五五）、『私家農業談』（一七八九）、『農業談拾遺雑録』（一八一六）、『勧農和訓抄』（一八四二）が書名をあげている。『農政全書』はとみれば、『農業全書』、『民間備荒録』、『私家農業談』、『農事常語』（一八〇五）、『農業要集』（一八二六）で引用されている。

一方、日本の『農業全書』（一六九七）は、実に四五の農書に引用されているのである。ただ「農書」とだけ記して、『農業全書』をさす場合も多かったから、引用農書はもっと多いことだろう。二番目に多いのが『農業余話』の一一だから、農業全書の影響力がいかに大きかったかがわかる。中国農書の影響は直接ではなく、『農業全書』を通じて全国の農家に広まったのである。

別巻の活用によって、農書を読む新たな楽しみがふえた。七二巻の『農書全集』をすべてまな板の上にのせて料理する。「A 農法・農作業」から「Z 絵図」まで分類索引二六項目を使って、レシピをいろいろ作ってみよう。また、成立地や分野別などの収録農書一覧といった総まくりの見方も、きっと新たな発見があるだろう。現代的課題を解くキーワードからの収録農書一覧により、別の農書に当たっていけば、古いと思っていた農書が今に甦ってくる。

それでは、農書の作者たちにあったこだわりは、何だったろうか。甲斐の『農事弁略』（一七八七）は言う。「農業全書を友（と）して、積徳の道をこころむ。此書　詳かなりと云へども、此辺の土地相応成事少し。故に全書を本とし、且老農の巧者をバ遠路雨雪をいとはず尋聞、耕作に心を寄（せ）、日記を集め農事弁略を作る」（第二三巻二九七頁）。

自分たちの経験だけを頼りにしていては、農業はいつか袋小路にはまってしまう。そんなとき、

「外来」の情報である『農業全書』は、自分たちの農法を「在来」として見直す鑑となる。農業全書に学び、他地域の上手な老農から聞き取りし、自ら工夫をこらし記録していく。こうした積み重ねから、その土地に合った「在地」の農書が産み出される。そして徳を積む。在地→外来→在来→在地の繰り返しである（本書七七頁の図2）。その根本にあるものは、「土地相応」という考え方である。「風土の勘弁」「粗濃の多用」「都鄙寒暖の違ひ」「土地に厚薄寒暖有り」と表現はさまざまだが、土地相応＝「合わせ」の重視こそが、農書の魂といってよかろう。

もう一度、別巻『分類索引』の助けをかりよう。「O　年中行事・信仰」を引いてみる。あるわ、あるわ。田の神、山の神に、氏神、土神。しかし、八百万の神という言葉は一度しか出てこない。いろいろな神さまが登場する。こうしたなかで一番多いのは天照大神で一五農書あり、次いで一三例の産土神である。

おもしろいのは引用の仕方の違いである。天照大神は、食物の神である保食神などとともに、序文で日本列島の農業の起源をおごそかに説き起こす際に引っ張りだされる。産土神は、年中行事の一環としてさりげなく書かれるにすぎない。飛驒の『農具揃』（一八六五頃）が、八月「村々多く産土神の神事あり。……惜かな、敬神の心なし」（二四巻一〇九頁）と嘆くほど、日常化してしまっている。

しかし、天変地異の「大変」の時、神の立場はひっくり返る。一八四七年の善光寺地震の際、「土地神江参詣せしに、拝殿散々潰（れ）、屋根計ニ相成。人々打寄（り）、産神之身代りに立せ給ふを恐

（れ）悦ひ拝しぬ」（第六六巻二五七頁）とある。一八五四年の安政東海地震による津波被害の際には、「村内無難ニ而有之候趣、是全ク産宮諸神の神力ニ而誠ニ天ニも登ル心地」（同三九七頁）がしたのである。天照大神の出る幕はなかった。土地相応の工夫をする農民たちの原郷は、それぞれの土地に根付く産土の神であったのだ。

何千年の間、日本列島で日本語を話しながら暮らしてきた人たちには、神・儒・仏が外来した。しかし、一方的に排除するのでなく、在来のものに融和させながら、新たな在地の神を作り上げてきた。産土神然り。天照大神然り。江戸時代の日本農書の作者たちは、中国農書を受容しながら、世界でも稀にみる良質で膨大な農書群を産み出した。遡って弥生時代の人たちは、稲作の渡来に対し縄文農耕と融和させながら、新たな農耕文化を築いた。明治に入れば欧米農学が、戦後は米ソ農学が、そして今は欧米の環境学が外来している。果してこの一五〇年ほどのあいだに、日本列島に根付く在地の「日本農学」は産み出されたであろうか。

日本文化の原郷としての農書は、「日本農学」創造のための宝庫である。しかし、ことは農学にとどまらない。「日本農書全集」の裾野は広い。別巻「分類索引」の項目をみると、「A　農法・農作業」からはじまり「L　経営」「M　諸稼ぎ・職業」までは農業や生業関係だが、「N　衣食住」からは江戸時代の人々が直接書き残した生活や社会の貴重な記録である。「V　名産品」「Y　成句・ことわざ」など、どんな言葉が出ているか興味津々である。農書は、日本文化の原郷である。

江戸農書を読むうえで

江戸農書について検討する場合、いくつか考えておかなければならない問題がある。江戸農書は、農民が体験知的な言葉にならない自分たちの世界を初めて言語表現として文字化したものである。当然ながらそこでは、それなりの読み方が必要となってくる。経験によって会得された身体的・体験知的世界と言語・文字世界との間の溝をどのように埋められるかということである。今でも農家が毎日の記録を残したり、気持ちを表すことはほとんどない。つまり、書き残されたものは、特別なものと言ってもよく、一〇〇%表現されているわけでもない（宮本常一『忘れられた日本人』「文字をもつ伝承者（一・二）」岩波文庫版二六〇～三〇三頁）。しかし、史料を使うという農業史学の制約がある限りやむをえない。本書では、とくに何気なく頻繁に使われる日常的な言葉に注目しながら、何とかその溝を埋めていく努力をしてみる。

さらにもう一つの問題は、農書作者と現場の一般農民との「隙間」である。守田志郎は、農書作者のほとんどは上層農民であり、江戸農書は指導書の意識で書かれていて一般農民の意識とは「隙間」があると言う（『農業にとって技術とはなにか』一九八～一九九頁　農文協　人間選書版）。また、藤井平司は、江戸農書は後の専門分化していく近代農学の先駆けをなすものであり、専門書の性格をもつものであると言う（『本物の野菜つくり』三二一頁　一九七五　農文協）。つまり、農書だからこそ見えてくるものがあるし、農書だからこそ見えないものもあるということである。本暑では、とくに農書作者が否定する内容にも着目しながら、その「隙間」を埋めていこう。

第一章　東海地域の農書を読む

　ここでは東海地域で書かれた農書を読んでみよう。一七世紀後半から一九世紀半ばまで、三〇〇年間にわたり質のいい四つの農書がそろっているからである。速水融によれば、江戸時代の美濃・尾張・三河は、同じような人口推移を示しており、農村社会も同じ歩みをしていたと考えられる。東海地域は、一七世紀後半の万治・延宝期から一八世紀前半の享保期にかけて人口が増大していくが、一八世紀半ばの享保期から宝暦期に停滞または減少していく。そして一八世紀後半の宝暦期より再び増大していく。こうした人口の推移は、各々の時期の人口を扶養すべき農業生産のあり方を反映したものといえよう（速水融『近世濃尾地方の人口・経済・社会』二〇〇二　創文社）。

『百姓伝記』（『日本農書全集』第一六、一七巻所収）は、一六八一～三年の天和年間に三河の矢作川流域で成立したと思われる。作者は不明であるが、帰農した土豪経営を表現しており、稲や野菜、果樹などの栽培から防水や家屋敷のあり方まで書かれた江戸時代前期の代表的な農書である。今まで、文字として表現されなかった農業に関わることをこと細かに表現した点で、『農業全書』（一六九七）以前の農書として、きわめて重要な農書である。刊行はされず、写本として流布し、現在七種あることが確認されている。

『農業家訓記』（同第六二巻所収）は、正徳から享保一六（一七三一）年までに書かれており、尾張の知多半島で書かれたと思われる。作者は不明である。一月から一二月まで月別に生産と生活を織り交ぜながら、土豪経営から小農経営への転換にいかに対処すべきかを家訓として書いた内向きの農書である。すでに刊行されていた『農業全書』への言及がなく、独創性が強い。写本はなく、まさに著者の家でのみ伝えられたものであろう。

『農業時の栞』（同第四〇巻所収）は、一七八五（天明五）年までに三河国赤坂宿（現愛知県宝飯郡音羽町）旅宿の亭主細井宜麻によって書かれた。天候不順による飢饉への対応と、一方で商品生産が展開する中でいかに対処するべきかが課題である。『農業全書』を再三引用してコメントをしており、刊行されていて多数の読者を想定した外向けの農書である。

『農稼録』（同第二三巻所収）は、一八五九（安政六）年に尾張国海西郡大宝新田（現愛知県海部郡飛島村）の庄屋長尾重喬によって書かれた。木曾川河口部の新田干拓地での農業の様子がわかる。幕末になって商品生産と地主制の展開にどう対処するかが問題となっている。『農業全書』の他にも『農業余話』『農業自得』『除蝗録』の引用があり、農書の普及をうかがい知ることができる。また国学の影響を受けていることが特徴である。刊行されて流布した。

1　「自然」はどう捉えられていたか

『百姓伝記』

最初に、「自然」に類する言葉が、各農書でどのように使われていたかを検討しよう。この「自然」の用法に、当時の農民の一般的な風土的認識が表現されていると考えるからである。

まず、『百姓伝記』である。農業の心得として、「惣しての苗をおのつからなる地にそたつことくに、つくりたきこゝろなり」(『日本農書全集』第一七巻六八頁)、「おのつから草木のそたつをミて、作毛の心得とすへし」(第一七巻一九七頁)というように、「おのつから」は「自然に」「自然と」の意味で副詞的な用法で使われている。「自然」は、「自然と土こゑて、稲真性になる」(第一七巻一三六頁)というように、「おのつから」と全く同じ用法である。まさに植物が自然に育つようにまねて作物を育てることが、農業の本来の姿と考えていたのであろう。

当然ながら、作物の育ちと人間の育ちをいのちある共通のものとして、同じように考えている。「月にたらずしてうミたる子ハそたちかたし。草木もミなそのことく、時能葉をいたし、花さきてハ、梢のひやすし。時至らさるに生る草木ハやまひ付事多し」(第一七巻二八頁)というように、それなりの日数がかかるので、「待つ」ことが必要なのである。

「真性地のこやしハ作毛に自然にきゝ、不性地のこやしハ急にきく物なり」(第一七巻一三〇頁)とある。この場合、「自然に」はゆっくりとの意味となっている。「急に」は即効的にであり、対比的に認識されている。

「をのつから山野に有草木、時節わする丶事なし。作毛の種物ハ、家内に手をきするによりて、植時蒔ころをはづす事多し」（第一七巻三九頁）と、「をのつから」なる自然な状態に対し、「家内に手をきする」人為が加わる事によって、自然からはずれていくことを警戒している。

このように『百姓伝記』では、「自然」は外的な対象化された自然、NATUREとは考えられていないのである。

それでは、農家は、「自然に」実る作物をいったい何の力で実ると考えていたのだろうか。「五月苗を取、田を植ハ、天地の神霊力をそゑ給ひて、その稲やまひなく、能茂て、ふるかことくわくかことく米を得て、諸民をやしなハんこと、則現世をたすくる仏菩薩の再誕たり」（第一七巻一三頁）、「天地の神霊ちからをそへ給ひて、ふるかことくわくかことく米を得て、諸民をやしなひ、我々か国里ゆたかにくらすへし」（第一七巻七二頁）というように、「天地の神霊」のおかげで作物は実ると考えている。外的自然を客体ではなく、神霊の宿る「天地」として観念的に捉えていたのである。

『農業家訓記』

次に『農業家訓記』を見てみよう。ここでは、「自然と」「自然」しかなく、「おのづから」の表現は使われていない。「百姓家業の筋目に背さるゆへ、自然と天利に叶ふ道理有」（第六二巻三九六頁）、

「自然虫つか者、はやく取へし」（第六二巻三七八頁）とあり、意味、使用法は『百姓伝記』と同じである。

『百姓伝記』にあった「天地の神霊」的な気持ちは、『農業家訓記』にもある。「天道の御あたへ」（第六二巻三〇四頁）により作物は実るのだが、反対に「天の御とかめ」（第六二巻三九八頁）が意識されていることは注目されよう。「天の恵み」と「人力」との関係のあり方が少しずつ変わってきているのではなかろうか。

ここでもやはり、「天道」「天」というように客体的な自然ではない、もっと大きな観念的なものとして意識されている。このように江戸時代前期の『百姓伝記』、『農業家訓記』とも似た風土的認識を持っており、これらがそれまで言語化・文字化されなかった体験知的な一般農民の風土的認識であったといえるのではなかろうか。

『農業時の栞』

次は江戸時代中期の『農業時の栞』である。「自然に」「自然成る」で、「しぜん」とふりがなが付けられている。「野山に生たる草の花ハ、生たる土地の磽地・肥地にて木の生立に善悪ハあらんなれとも、里に植たるよりも格別色香の増りたるハ、自然成るが故也」（第四〇巻一八七頁）、「産生立あしき綿を、糞しにて延さんとするハ、自然にあらざる故に、難にもあふ也」（第四〇巻一一二頁）というように、やはり副詞的に「おのずからそうなっている」の意味であり、これまでと同じように名詞的な対象化された外的自然の意味ではない。「おのつから」の表現は出てこない。「自然にあらざる」人為は、前の二つの農書の言葉を使えば「急」として否定される。

ここでも『百姓伝記』と同じように「自然」と「急」が対比的に捉えられている。「物毎に緩急あれとも、自然にする事ハ順なるが故に宜く、急にする事ハ逆なるが故に悪敷といふ」（第四〇巻六二頁）であり、自然は順の循環であり、急は逆の循環であると考えられている。「百姓ハ時節を待が第一なり」（第四〇巻一一八頁）であり、順な循環にはまり込む中で、時節を「待つ」ことが自然なのである。このように明記するようになったのは、逆に待てないで人力によって「急」にする事態が増えてきているのであろう。

「人の五体も作方も、道理ハ同じ事也。……もの云ぬ心に立毛の生立を察し」（第四〇巻五二頁）と述べて、『百姓伝記』にも見られたが、作物の育ちと人間の育ちを同じように考えている。「糞・耕作に情を入レ作れハ、天の恵はあるもの也」「高ぶる心あらバ、天罰当る道理也」（第四〇巻八八頁）。やはり「天の恵み」で作物は実ると考えている。反対に天の罰もある。ただし、情（＝精）を入れるという条件付きであり、反対に高ぶる心であれば、天の罰を被るのである。農民の心の有り様による人力のあり方が問題になっていることに注意しておきたい。

『農稼録』

最後に幕末期の『農稼録』を見てみよう。「自然」に対し「おのづから」とも「しぜん」ともふりがなが打たれている。「夫穀物ハ大凡時を量りて蒔殖すれば、少しといへども自然《おのづから》にも実のるべき物なれバ、農民ども等閑に心得るものおほし」（第二三巻九頁）、「年々同じ所に作れバ、自然《しぜん》と種も残る」（第二三巻一八頁）。

この場合の「自然」の意味もまた、これまでの三つの農書と同じである。農家は、作物が「おのづから」「自然に」実るものと考えていたのである。それは、ちょうど人間が育っていくのと同じ事態である。これこそが、江戸農書に共通する「自然」であった。

ただし、『農稼録』の場合、使われ方の文脈が違うことに注目しておく必要がある。先の三つの農書では、「おのづから」実ることを肯定的に捉えて、その事態に素直に従うことが肝心であると述べていたが、ここでは「おのづから」実るからこそ、農民たちは手抜きしてしまうのだと否定的に捉えている。そのため、「不思儀成哉、夫丈の実のりハ人の力にあらず、天地自然の恵也」（第二三巻六一〜二頁）と述べて、人力だけで実るのではなく、先の三つの農書と同じように「天地自然の恵み」があってこそ実ることが強調される。ここからわかるのは、先ほどの『農業時の栞』に見え始めていた対象化がさらにすすみ、農民の中で労働の投入によってこそ作物が実るのだと、逆に明確に認識されはじめてきたということであろう。

さらにもう一つ、重大な変化がある。文中の「天地自然の恵み」の「自然」は、今までの「おのづから」という副詞的用法とは違い、名詞のNATUREの意味で使われていると思われる。ここに至り、外的自然に対し働きかける人間の側からはっきりと対象化されてきているのであろう。「自然力」と

「人力」が相補的ではなく、分離された対抗的な関係に変わりはじめてきたのではないか。

こうした見方は、著者長尾重喬が読んでいた田村吉茂の『農業自得』（一八四一）にも見られる。「草木ハ自然に生立つものゆへ」（第二一巻七頁）という表現もあるが、「自然の理」（第二一巻七、二三頁）、「天地自然の理」（第二一巻一〇二頁）、「自然田」（自然湿地に出来た田　第二一巻二二頁）と、NATUREの意味での使用例がある。

『農業自得』から影響を受けたのかどうかはわからないし、これがどこまで一般的な農民の見方であったかもわからないが、幕末において新しい風土的認識が日本列島において自生しはじめていたことに着目しておきたい。

さらにもう一つ特徴的なことを指摘しておきたい。「何事によらず人のちからもて成べき業ハ成尽し、ちからのかぎり及バざる事ハ、神の御恵を蒙りて免るゝより外術なし」（第二三巻一一三～一一四頁）というように、「人力」との対比で「天の恵み」ではなく、「神の御恵」と捉えられるようになっている。外的自然が実体的な「自然」として対象化されるに伴い、恵みを頂く実感的な「天」は消滅し、「神」の恵みに変わっていくのである。国学を学んでいた著者にとって、ここでの「神」は、日本古来からの神なのである。

2 「まわし」「合わせ」の農法

『百姓伝記』

『百姓伝記』には、次のような注目すべき記述がある。「尾州辺の土民と、関東筋の土民ハ、耕作方雪と墨程ちかひて、関東筋下手なり。また、尾張より上方筋ハ田地すくなく人多きゆへ、所望の土民多し。遠州より東へハ田地多く人すくなきゆへ、所望の土民なし」（第一六巻二七九頁）。「五畿内、近江・伊勢・尾張・三河此国々の土民ハ耕作上手なり」（第一七巻一七四頁）。「五畿内のうちいつれの里々にも木綿をつくり得たる事余国にすくれ……近江・伊勢・尾張・三河、此国々まて手作能する……東海道も三河まてハきわたの作やう大かた覚たり。遠州より東の国々の土民きわたの作りやう曾てしらす」（第一七巻二二八頁）。「当世鍬をうつに、五畿内のかち、近江・伊勢・尾張・三河の農かぢ、其徳を得たり。余国の農かぢハ其徳うすし」（第一六巻一七九～一八〇頁）。

五畿内から東海地域までの西日本農業と遠州以東の東日本農業の違いは、当時はっきりと認識されていたようである。畿内から東海にかけての地域では、耕作方法、作物、道具に至るまで「上手」といわれる農業が展開していたのである。

それでは、こうした「耕作上手」の東海地域では、どのような農業が展開されていただろうか。岡光夫は、『百姓伝記』の解題において、当時の水利条件や施肥水準に規定されて、『百姓伝記』は湿田一毛作技術の確立をめざしたものであるとまとめている。「田に麦を作、跡をまた田かへし稲を作る事、費多し。然共、田斗多くして畠なき村里ハ、両作つくるへし。」（第一七巻八四頁）といった表現があり、米麦二毛作もあることはあったが、「寒の水をつけをく事、徳多きと見えたり。しらぬあきなひせんよりハ、冬田に水つゝめと世話に云り」（第一七巻七三頁）といった表現は、まさに当時にあっては湿田一毛作が中心であったことを如実に表しているといえよう。

ただし、畑においては、「麦を蒔に、夏作をつくり、秋の菜大こん・そバをつくる畑ハ、年中に三作なり。……中にもそバの跡ハ地のやせる事かきりなし」（第一七巻一六一〜一六二頁）というように、一年三毛作も生まれている。ささげの項では、「植かゑしの処にてそたちかね、またやまひ付、さやもちいさくなる也」（第一七巻一九七頁）、小豆の項では、「土地にきらひなく生付そたつ」（第一七巻一九六頁）というように、「きらひ」「かゑし」という否定的な言葉で、畑作における連作、輪作の不相応を表現している。つまり、畑においては土地利用の高度化がすすんでいるのである。ただし、水田においては「かゑし」は言われず、水田・畑ともに「まわし」という表現は見られない。「晩田稲を段々外田に植て、手まハし能ものとしれ」（第一七巻一五二〜一五三頁）、「手まハしあしけれハ、麻よハくなる」（第一七巻二二〇頁）というように、「手まわし」という働き手のやりくりについては、水田・畑の両方に見られる。「耕作上手」といわれるような集約的な肥培管理が、一七世紀後半にはすすんできているのである。

こうして「手まわし」ながら、「節に望ミ、時をはつす事あるへからす。節ちかひになりて、五穀の実入曾てなし。野山の草木花さき、実のなることをミるへし」（第一七巻三五頁）と、否定されるべき「節ちかひ」となって時節に不相応になることを戒めている。

もう一つ、農法の核心として「土地相応」＝「合わせ」が意識されている。「田につくる稲を岡部になをしたるハ、しつけ地に相応なり」（第一七巻一五一頁）、「田の善悪に依りて、稲相応・不相応の事」（第一七巻一五二頁）というように、土地に相応した作物を選択することが重要なのである。

こうした「土地相応」＝「合わせ」により、「かゑし」にならないように滞りなくすすめていくには、動植物を注意深く観察することが求められる。自然の生き物が知るように季節の循環、動きを知り、土地をよく観察してその性質を知ることが農家にとって重要な能力であった。「鳥類・畜類・万木諸草、能四季・節をしれり。依て其顕る丶品々を書集め、百姓伝記四季集と名付、初巻とする」（第一六巻三二頁）として、第一巻で詳しく述べられている。第三巻「田畠地性論」では、「土地相応」の基礎として土地の見分け方を陰陽論を援用しながら解説する。こうして周到な風土的認識が強調されるのである。

『農業家訓記』

「麦田」「水田」（第六二巻三三一頁）という表現があらわれてきたことからわかるように、二毛作田と一毛作田の区別がなされるようになった。それぞれの作業上の注意がなされているので、土地利用の高度化として二毛作がそれなりに普及し始めている事がわかる。ただし、「水田稲刈跡に水はやく可包」（第六二巻三七九頁）とあって、『百姓伝記』にあった一毛作田の冬季湛水が同様に重要であるとしており、一毛作田がまだ大きな部分を占めているのであろう。「稲色二、三年目に其土地相応の稲に替へて可作」（第六二巻三八六頁）と、稲品種を変えることで、減収を防ごうとしている。

畑作において、牛蒡や山の芋は「まき返し悪し」（第六二巻三一七頁）、「奥大豆の跡に夏大豆植れ者、存外に小出来成物也。大方の作、植かへしハ宜からす」（第六二巻三三九頁）と、『百姓伝記』と同じように「かえし」という言葉で連作障害に対する注意を促している。畑においては土地利用の高度化がすすんでいる。そして、「土地相応の考、耕作等に付ても右の心へあり」（第六二巻三三一頁）と、「土地相応」＝「合わせ」により「かえし」にならないようにやっていかなければならないと強調する。ただし、『百姓伝記』と同じように水田・畑とも「まわし」という表現はまだ見られない。

「田の草手廻シの事。一番草におくれハ、二番草つのり、思の外人足多く入り」（第六二巻三五九頁）と、『百姓伝記』と同じように労働の循環「手まわし」を考えている。さらに、「手廻成兼ハ、費用人足にてもはやく可取」（第六二巻三六七頁）と、適期に作業をするために雇用労働を雇うこともすすめている。一段と集約化がすすんでいるのであろう。「少の金ハ廻り合悪敷事」（第六二巻四〇二頁）と、カネの循環も意識されている。

季節の動きを観察することによる周到な風土的認識を重視することもまた、『百姓伝記』と同じである。「天気見習事。後栄記に委有。常に心かけ四季の雲・景気を見覚へ、功者成方にも間合、舟手の者なとに折々尋ねれは大形知るゝ物也。田畑耕作に不断入事也」（第六二巻三一九頁）と、自ら「後栄記」なる書物を書いているらしいが、具体的な中味はわからない。

『農業時の栞』

「まわし」の意味で「順還」という言葉が使われていることは注目される。「天地の情や、万の物を生育して順還する。そが中に、春ハ耕し、夏ハ植、秋ハ刈入、冬ハ収」（第四〇巻三九〜四〇頁）。「返し」は、やはり使われている。「老人は蒔返しさへ悪敷との云」（第四〇巻四五頁）、「老人曰、何作によらず、まき返すハ悪敷也」（第四〇巻一八四頁）と、綿作が普及している中で、連作障害を警告している。ただし、畿内のような田方綿作かどうかは不明である。「まわし」という表現はやはり使われていない。

農作業での「手回し」は、これまでの農書と同様に使われているが、「作方も仕業の手廻しの勝手によき事ハ作りの仇也」（第四〇巻六四頁）と、後述する行き過ぎた肥培管理に対して否定的な表現が見られることは注目される。

二〇年後の一八〇五年、近くの三河国吉田の神主で国学者であった鈴木梁満は、『農業日用集』を著した。『農業時の栞』の作者細井宜麻は「紅葉屋」と呼ばれていたが、『農業日用集』には、「農業時之栞　紅葉屋作ト云」「もみじや流わたの作り様大要」（第二三巻二七六頁）といった記述があり、『農業時の栞』が流布していたことがわかる。綿と麦の畑方綿作が行われていることがわかる。田で二毛作を行っていたかどうかは、記述がない。「農業ハ手まハしか肝要也」（第二三巻二六四頁）と述べており、集約的な農業をすすめるための労働管理を強調している。

大蔵永常の『門田の栄』（一八三五）は、三河田原藩の渡辺崋山の招聘で招かれた折に書かれたものであるが、かつて三河を訪れた時の見聞として、「田ハ乾す事なく水を入て、麦を蒔事なし」と述べている（第六二巻一八六頁）。江戸後期になっても東海地域では、田の二毛作がそれほど普及していないことをうかがわせる。

「其土地を能見計ひ、勘弁を廻らし、其土地々々に応様に作る人を、巧者成ル百姓とハいふ」（第四〇巻一一八頁）と、これまでと同様の「土地相応」＝「合わせ」の認識も見られる。

宮崎安貞の『農業全書』（一六九七）の出現、流布は、自らの地域性を全国的な広がりの中で強く自覚させることになった。「彼書を我も能見たり。農書に於てハ世界に比類なき書也。去なから国土地により応とあわさる事有り。彼書を悪敷といふにハあらねとも、此国此土地に相応したる作り方を物語するのミ也」（第四〇巻一三七頁）として、「土地相応」の観点から『農業全書』を無批判に受け容れてはならないとする。

『農稼録』

『農稼録』が書かれた木曽川河口部の新田干拓地では、「くねた」と呼ばれる冬季に水田に高畝を作って、裏作として麦や菜種を作っている。こうして土地利用の高度化がすすんでいる状態で、『農稼録』では現在まで使われている「いや地」という言葉が出現する。「何の作りによらず、旧地《いやち》といつて仕来りの所に同じものを毎年作る事大方ハ嫌ふ物なり」（第二三巻四九頁）。今まで「かえし」と表現していた連作障害が、「いや地」という言葉で明確に認識されるようになったのである。「いや地」という表現は、『農業全書』（一六九七）や阿波の『農術鑑正記』（一七二三）などで見られているが、東海地域では幕末になって普及したのであろう。ただし、ここでも「作りまわし」という表現は見られない。

「田殖前閙がしき時節の手廻しも成かね」「大麦を仕付るにハ刈田の後手廻し次第」（第二三巻二九頁）というように、手まわしは田畑ともあり、集約化がすすむ中で労働管理が重要な経営の問題となってきている。

作者の知見は『農業全書』にとどまらない。広く農書を読みながら、摂津の小西篤好の『農業余話』（一八二六）、下野の田村吉茂の『農業自得』（一八四一）に対して、「自得に述たるハ、大概余話にある事を、其土地に相応すべきふしをえりて著しゝ物ならんか。全書ハ、我国農の業を書に著されたる根元にして、いともいともありがたき書なり。是を元として其土地土地に相応すべきを考へ合せて例し見るべし」（第二三巻三五頁）と述べている。「土地相応」の土地利用の高度化が強く意識されていることがわかる。

3　小農的な家族労作経営

『百姓伝記』

『百姓伝記』で使われる農民を表す言葉は、「土民」「農夫」「老農」「あらしこ」など様々である。これらを各巻ごとにまとめてみると、一つは「土民」だけが圧倒的に「土民」が多いもの（巻一、二、四、六、七、一〇～一五）、二つめは「土民」と「農夫」などが両方使われるもの（巻五、九）、三つめは「老農」などがほとんどを占めるもの（巻三、八）である。このことは、岡光夫が推測したように、『百姓伝記』には複数の著者がいたのではないかと思われる。

巻五の「土民ハ定りて御公儀村役の普請を常勤るものなり」（第一六巻一八四頁）、「土民・農夫ハ衣類をあつく着てハ、骨折わさ成かたし」（第一六巻一九三頁）、「農夫・あらしこくびに一つ宛かけ（第一六巻二〇六頁）、「耕作の時分に農人・あらしこ手ことに持つ」（第一六巻二〇九頁）。ここでは「土民」は土豪経営の役負担する本百姓であり、「農夫」「農人」は農耕従事者である。「土民」などに奉公する隷属的な下人である「あらしこ」と区別されていることからすれば、「農夫」「農人」はおそらく単婚小家族経営であろう。

巻一〇の「里方の土民ハ山中の作り不案内なり。あらしこ・下人も我々か在所近辺の人を召つかひたるかよし。」（第一七巻一七九頁）の場合は、土豪経営者である「土民」が隷属的な「あらしこ」

「下人」を使用している。「家子」と呼ばれている場合もある。しかし、同じ巻一〇の「当世の土民余業に時をうつし」（第一七巻一五八頁）の場合の「土民」は、一般的な農耕従事者をさしていると思われる。つまり、「土民」は必ずしも家父長的な土豪経営をさすだけではないのである。

巻二の「大農・小農・家子・あらしこ迄、わかミをとりミたさゝる事」（第一六巻五〇頁）では、規模別の大小が区別されている。巻三の「小農うつけ地を問。大農の云」（第一六巻七七頁）、「大小農共に骨折事」（第一六巻九三頁）という表現では、明らかに経営の規模の違いにより大農、小農が区別されている。巻三、八で老農、古農、功農、農圃などと呼ばれる農民は、指導者としての大農であり、「土民」と表現される土豪経営者であり、小農、若農、「今時の農人」は教導される対象であった。

以上を踏まえながら、『百姓伝記』の内容を検討してみよう。「老農・大農に尋ね習ひ、小農ハ耕作をせよ。」（第一六巻八六頁）というように、『百姓伝記』の執筆意図は、まさに大農の優れたと考えられている農術を未熟な小農たちに伝えることにあった。当時の農術は、「古農」「老農」「功農」と呼ばれる大農たちによる「古法」（第一七巻二八、三〇、五八、一一七頁など）が基準であった。

当時の状況は著者から見れば、「当世の土民余業に時をうつし、日を暮し……天の時にたかひ、地の理にしたかハす」（第一七巻一五八頁）、「家職をわすれ、余職に日をくらしなハ、天理に背き、百か一もミのる事なく」（第一七巻七二頁）といった有様であり、農業以外の余業により再生産を維持している状態であったと思われる小農は、批判、否定される。

　そのためにどのような憂慮すべき事態が生まれているかといえば、「今時の農人、私心を以、……さやうなる私わさハ、農人の五常にそむけるこゝろなり」（第一七巻四一～二頁）、「皆若農等か私心よりなすわさにして、国土の費多き也」（第一七巻四三頁）、「老農の云、今時の農人、種かしをするに、私心を出し、かならす種かしの時をはづす事多し」（第一七巻三八頁）とあるように、小農が「私心」より、「古法」に従わず、「私わざ」、新たなる工夫による新農術を行おうとしていることであった。大農の「古法」を保守し、小農の「私わざ」は否定される。

　具体的には、「当年ハあたゝかなる程に、はやく稲を植仕廻、さむき程にをそくさをりをせんと、私心を以田を植る事、天のミちにそむき、地の理にしたかハす」（第一七巻一一四頁）と、季節の変化に合わせて田植作業の時期を動かそうとすることに対し、否定している。また、「農圃のいわく、種籾を置事、当代ハ手まハし能とて、稲をこはしにてこきて、横つちを以のげをたゝきくずしをく故に、苗にふせてことことく失るなり」（第一七巻二三頁）と、手廻しのよい能率的な新しい道具である扱くための小箸の使用を否定している。

　つまり、『百姓伝記』は、若農・小農たちによる「私わざ」、新しい小農の農術が存在しているのに対し、老農・大農たちによって中世以来築かれてきた旧来の慣行「古法」を固守しようとするのである。古い土豪経営による「古法」と新しい小農経営による「私わざ」との対抗が意識されていることに注目したい。「古法」、つまり「在来農法」として歴史的に対象化されてきているのである。「私わざ」、まさに「外来農法」が「在地農法」に刺激を与えているのである。

「分限相応」という言葉で、適正経営規模を考えているが、大小の規模別の経営論は展開されておらず、小農経営は著者たちには意識されていないのであろう。たとえば農具に関し、「土民ハ分限相応に其品々をこしらへ持へきなり」（第一六巻一八六頁）、肥料について、「土民たらんものハ、身上分限相応に、雪陰・西浄・東垣・香香を処ゝにかまへ、不浄を一滴すつへからす。」（第一六巻二二七頁）、家に関して、「土民の家ハ大かた土座なるへし。然とも当世家居も分限より過分にして、板敷・すかき多し」（第一六巻二三六頁）というように、分限を越える事を戒めるにとどまっている。

数量的認識は、実体的な技術としての農術をすすめるうえで基本となるものであるが、「土性能上田に稲を植るに、壱歩に八十一かぶ植てよし。然時ハ六寸間なり。土地能故、茂てる事多し。苗ハ四本宛植よ。惣数三百廿四本なり」（第一七巻一二〇頁）。「苗を植る大積、三百歩壱反の田に、一もとに苗三本植にして、壱歩に百かぶ植る時に、苗数三百本入。一畝にハ九千本、壱反に九万本のつもりなり。籾壱升ハ三万粒のつもりにして、壱反の苗、籾三升なるへし」（第一七巻一四〜一五頁）というように、すでに一七世紀後半には十分に認識されている。

経済的観念も明確にもっている。「直段下直にうちたるハ、をれまがりて、ついゐ多きなり。」（第一六巻一八八頁）「上手ハ手間を不入して米を得る。費なきやうに田かへし、耕作すへし」（第一七巻八〇頁）。「田にこやしを入るゝに損得多し。あしくやしなひをしてハ還而損あり」（第一七巻一一〇頁）。

「わざ」という言葉は、「骨折わざをいやがり」（第一七巻一一九頁）「あしき田地をよくするハ、土民のわさなり」（第一七巻一三一頁）のみであり、農術は「作りやう」「耕作方」「耕作仕様」などと表現される。

『農業家訓記』

一八世紀になると、どのように変わってきただろうか。「田植掛りの事。早く植て吉と思ふ年は、中の日よりうへ始める。大体の年、中より一両日過植始。……年々の格お勘へ、四方の功者にも聞合、植始へし」（第六二巻三五二頁）、「稲くさり、もミはゆる年は少はやく刈りてよし。その年の品により徳多き方にすへし」（第六二巻三七五頁）というように、その年の気候状況などによって田植日、刈取日を柔軟に変えることを肯定するようになっている。

先ほどの「古法」に固執して新農術を「私わざ」として否定していた『百姓伝記』とは大きな違いである。新農術を工夫する「功者」と呼ばれる農民が登場しており、小農経営に適した新しい農術が肯定的に存在しているのである。

経営論においても『百姓伝記』と比べて一八〇度の転換が見られる。

「上の百姓ハ、正直にして、夫婦に下女壱人も抱、自分の田地相応に控、夫ハ未明より田畑へ出、耕作に油断なく、晩ハ星を戴き家に帰り」「夫婦思ひ合、如此数年寸陰をも無油断情出ハ、廿年程の内にハ立身の色身ゆる物なり」（第六二巻三九三～四頁）、「百姓ハ、田夫・野人にして年々と立身するを、上の百姓といふへし。百姓家業の筋目に背かさるゆへ、自然と天利に叶ふ道理有。中・下の百姓よりハ貧人・乞食のやうに思ひ、人数にもいれされとも」（第六二巻三九六頁）。

「中の百姓ハ、村の内にても田地中位に控、下人・下女一両人ツ、抱」（第六二巻三九七頁）。

「下の百姓ハ、村の内にても高一、二番位に控、下人・下女に十人程も抱、……村のうちにてもよき衆といわれ、大体見事也。然とも夫婦共に朝寝・昼寝・夜遊ひを好ミ、諸事万端少ツ、も油断有」（第六二巻三九八頁）。

「百姓上中下の了簡、古来より今に聞さる故、此以来も又いかゝ無覚束、荒ゝ書記置也」（第六二巻四〇五頁）と、分限相応による経営規模別の上中下の百姓論が展開されているが、上百姓は明らかに小農経営なのである。そして、下百姓が大高持ちで下人などを奉公させる士豪経営と逆転して、批判、否定すべき対象となっているのである。ここに作者の立場があり、当時にあっては未だに上百姓を士豪経営と誤解し、小農たちを貧乏人と蔑視している社会状況を批判している。

こうした上中下百姓論を展開する作者の農書執筆の意図は、「生涯稼穡の事預め書して子孫の規矩になさしめんため、農業家訓記と号ス。……毎月朔日ことに無懈怠当月の事を見、勘弁すへし。我後胤此慮リを受用あらは可為本懐者也」（第六二巻三〇三頁）というように、小農経営のわが家をいかに存続させていくかであった。『百姓伝記』と『農業家訓記』とでは、小農の農術・経営が展開しているという一七世紀末から一八世紀初頭の現実に対し、著者の立場が全く逆になっているのである。

数量的認識については、「種籾百刈に弐斗程といふ也」（第六二巻三二六頁）、「多くハ弐本宛、こまかに七寸間程ツヽに植へし。弐本植ニハ取実多ク」（第六二巻三五二頁）といった具合で、きっちりともっている。

また、経済的観念については、「百姓の道理に叶ふ故、上の百姓といふなり。併、百姓の景図ハ金也。諸侍の知行立身と百姓の金貯へたるハ、同し事也」（第六二巻三九六〜七頁）、「何にてもよくうれ、早く銭に成る覚語して」（第六二巻三九四頁）と、明確に意識するようになっている。「金目能とて麤相に不可作。外の夏毛と損徳引合、何にても徳多き物可作」（第六二巻三三八頁）、田の草取りも「手廻成兼ハ、費用人足にてもはやく可取」（第六二巻三六七頁）として、「手まわし」よくして損得勘定をし、人足を雇う事も肯定している。さらに、「正月元日より十二月大晦日まで、一銭の出入も日々日記を付」（第六二巻三九八頁）と述べて、収支の記帳をすすめる。文字知を持った農民が登場しているのである。貨幣経済の深化に対応できる小農経営が模索されているのである。

『農業時の栞』

東海地域においてはその後商業的農業が展開していくが、本農書が執筆された当時、浅間山の噴火（一七八三）に伴う日照不足など不安定な気候条件であり、人口も停滞していた。農家にとっては、安定的な収量確保が焦眉の課題となっていた。「仮令少々ハ難年成共、農人巧者なれバ、難にあわざる様の工夫をして作れハ、十ヲ以て算れハ、六、七分ハまぬかるへし」（第四〇巻六四頁）、「糞・耕作を仕過かあしきと見へたり。其子細ハ、野山に生たる草にハ、豊年・凶年も、又、旱痛ミ・ついり・虫付・又ハ大風なとの難にあふハ稀也」（第四〇巻一八七頁）といった表現に、本農書執筆の基本態度がうかがえる。大農か小農かという問題は、すでに決着がついていた。

この考え方に基づき過剰な施肥、肥培管理を戒める。集約的な小農の農術が過度にすすんでしまっており、「何事も中道か宜シ。古人の処謂過たるハ猶不及と宣へり。作方の仕様も療治の仕方も同し事也」（第四〇巻八五頁）、「作方も十分なるハあしく、九分目成ルがよろし」（第四〇巻八八頁）、「作方も宜敷作候へハ、見廻りも糞・耕作も面白故に、糞しを仕過事ゑてに有也」（第四〇巻九〇頁）と、繰り返し注意を促している。『百姓伝記』の小農農術の否定の段階から、『農業家訓記』の肯定段階を経て、『農業時の栞』に至り過剰が批判される段階へと推移しているのである。

そうした行き過ぎを生み出すものとして、「りきミの心かあしきとの事。りきミハ則、我也。高ぶり也。……善事ハ目に見す共、耳にハ聞すとも、心にハ観たり聴たりセねバならぬか天の道也。天道ハ盈れハ欠る理にて、高慢有ル者を憎給ふ也」（第四〇巻八六頁）と、「りきみ」が「天道」を曇らせるのである。

作者は旅宿を営みながら、自ら木綿などの実験栽培を長年してきた経験と近在の巧者たちから聞き取りした成果をふまえて、不安定な気候の中で収量安定をめざす農術を確立させようとする。しかし、「今迄久く作り来りたる仕方に馴染、夫が心の底迄染付たる癖がかセに成り」、「生質なからの百姓が邪魔に成り、かセに成るもの也」（第四〇巻四三頁）というように、農民たちはいったん身につけた集約的な小農農術を改善しようとしない。そうした農民たちに、今度は批判の矢が向けられることになるのである。

数量的認識、経済的観念の表現は少ない。『農業全書』の影響により、「農術」「農業の術」といった言葉も使われるが、相変わらず「作方（つくりかた、さくかた）」が多く使われる。

『農稼録』

幕末には商業的農業がますます盛んとなり、地主制が展開し、また世情は騒然としてきていた。「農人近ころハ算作りとて、田を作るにも割合を考へ、勘定能き様子に田を作るハ冥理にもれたる心懸なり」（第二三巻一七四頁）、「農人只管利徳の工夫より、近ごろ畠に桃或ハ橘柑の類を植、田に蓮根を作るなり。是等も随分利徳ハある物のよしにハあれど、農家の風俗よからぬ業なり」（第二三巻一七七頁）と、庄屋である著者にとっては好ましい事態ではなかった。金勘定だけで商業的農業をすすめる者が増える一方で、困窮化がすすんで脱農する者、そして一揆的行動に走る者が続出する。著者の関心は、収量の増大や安定よりも、小農中心の村内の安定、秩序維持に向けられている。

村内では、「一村の内百軒あれハ、十人ハ勝手能小地主、廿人ハ中分の者、卅人ハ其次の者、卅人は困窮の者、十人は極貧民にて乞食同様なり」（第二三巻一九〇頁）と、農民層分解がすすんでいた。「地主と承細（こざく）は親子のごとく、小前の者ハ皆兄弟のごとく、何事も相互ひに助け合、村内治り能が肝要なり」（第二三巻一六二頁）、「村内の事なれば、互ひの事」「村中相互ひ」（第二三巻一六九、一七〇頁）と、あらためて村の論理を持ち出してあるべき姿を模索していたのである。まさに、ここに庄屋である著者の基本的な立場があった。

「良民（よきたみ）」「平（たひらか）民」「貧（むさぼる）民」「堕（おち）民」「苛（いらつく）民」「遅（おそし）民」「疎（おろそか）民」「貧（まづし）民」「病（やまひ）民」「独（ひとり）民」「餓（うえ）民」「癖（へき）民」「苦（くるしむ）民」「奸（かたましよこしま）民」「混（まじはる）民」と、一五種に当時の農民を分類して、理想的な農民像を追求しようとしていた。

良民とは、性格が正直で節約に励み、農業だけを本分として専念し、収量も人一倍多い。平民は、自分の能力の七、八分目の田畑を作り、作男を置いて農業以外の仕事には目を向けず、余裕をもって暮らす者であり、農業専業の農家が理想とされた。一方で批判、否定の中心となるのは、一揆や騒動に走る「奸民」と、村内で商工業を営んだり兼業する「混民」たちであった。

分限相応の適正規模論による上中下農論を展開する。「是則田畠の作り皆分限に過て多く貧（貪）り構へ手廻り行き届かねバなり。〇農業全書に曰、まづ、農人たる者ハ、我身上の分限を能はかりて、田畠を作るべし、各其分際より内バなるを以て善とし、其分に過るを以て甚悪しとす」（第二三巻一二一頁）、「先達の誡められたる如く、おのが分限より多く貧（むさぼ）り構るハ、農人の癖なりといふ」（第二三巻一二二頁）というように、規模拡大をすすめようとする農民たちの習性を批判するのである。

経済的観念は紹介したようにすすんでおり、数量的認識も、「田壱反歩〈三百歩〉殖る分量　苗代三歩五厘〈六尺四方一歩の割合〉生籾壱升七合五勺〈此籾水に浸し芽切てふとれバ凡三割も増と見て〉此浸籾弐升弐合七勺五才（中略）籾壱升凡四万粒と見て　一反歩蒔籾壱升七合五勺　此籾数凡七万粒」（第二三巻五六〜七頁）というように、すすんでいる。

4　「百姓の道」を生きる

『百姓伝記』

作物はまさに「自然に」実るわけだが、人間はそれだけでは満足しなくなる。より多く、より安定した恵みを期待するものである。『百姓伝記』では、「よくと云がなければバ、上下のなすわざすたる也。ほしい、をしい、ものミ、喰、衣類をきたいと万民ねがう、よく心なり」（第一六巻五五頁）というように、欲は生活・生産の発展の原動力として肯定されていた。

そして、農家の生きるべき道を、「其田の一歩を、五月節に至て、東に向ひ植初るか天のミちなり。田地の上・中・下を見分ケ、稲本を定る処かちの理也。耕作を其時々をかゝさず仕る処ハ、農人のミちなり」（第一七巻一二一頁）と述べて、「天の道」「地の理」に従いながら、「土地相応」「時節相応」にはずれることなく農業を営むことこそ「農人の道」であるとしている。天・地・人の三才思想といえよう。

「あしき田地をよくするハ、土民のわさなり。たとへハ智職ハ一文不通の者にも、仏道をすゝめ、善根をなさしめ、極楽浄土へミちひき給ふ。また神道にハまかれることをいましめ、すくなる道をもとゝす。いしやハ人の病ひを脈にて取覚へ、やせたるものをハこやし……」（第一七巻一三一～二頁）といった表現をみると、「農人の道」は他の多くの修行、仏道・神道・医道と同じように考えられていたのである。

それでは、農人の道にとって必要なものは何と考えられていただろうか。「鍬・鋤・からすきを、能たんれんして遣ひ覚たる農人・あらしこ」（第一六巻一八三頁）、「馬屋こゑを田に置事、農人ふたんれんにしてハ損毛多きなり」（第一七巻一三三～四頁）、「山畑に火をいけ、鹿屋をつくり、夜ゝおハすへし。ぶきこん（不気根）にてハなりかたし」（第一七巻一七九頁）、「その土こゑと云をたくハへるに、上手と下手とありて、損徳多し」（第一七巻一一二頁）。

「鍛錬（たんれん）」がキーワードである。「ぶきこん」（不気根）という否定的な表現で、根気が続かないことを叱っている。「鍛錬」「根」が労働する上での眼目であることがわかる。それにより、上手・下手の技能差が生まれてくるのである。

『百姓伝記』では、「余業・余職」に対して「家職」という言葉が使われている。家職に励む土民の他に、町人、諸職人がいた（第一六巻一八四頁）。「村中のわかき人家職ならぬ事をしてあそふか渡世する」（第一六巻四六頁）というように、若者たちの中には「農人の道」にはずれて「あそふか渡世」する者がいた。もちろん言葉通りの遊びもあっただろうし、従来の規範である「古法」「家職」に励まず、「私わざ」「余職」に精出すものもいたろう。実は、これこそが多くの小農家族の姿だったのではなかろうか。

「天の恵み」を受容しながら、農家はそれに対しどのように感じていただろうか。「一入念を入るゝかよし。とかく作人無念ありて其徳うすし」（第一七巻一六二頁）、「念の上にも念を入れ」（第一七巻五二頁）というように、何でもないような使い慣れた言葉であるこの「入念」こそ基本的な自然と取り結ぶものであった。「念」には、「天の恵み」に感謝しながら、土地・作物に働きかける農家の「念い」「祈り」が込められていたのであろう。これこそが、日本文化の三層構造の基層にあったものである。

『農業家訓記』

作者は、「百姓の道」という言葉で農家の生きるべき道を表現している。「然者作方計にて立身する人、百性の道を能知り功者なる故、師匠同前に入魂すへき筈也。然とも奢たる心より、是等をハ下卑たる人外乞食同前に見る習也」（第六二巻三〇四頁）、「我にそなわりたる家業に不情成事、人間第一の下卑たる事也。百姓の道を能知り、助力少クして年々と立身するを、師とも思案ともいふなり」（第六二巻四〇一頁）。

奢った心から「百姓の道」にはずれてしまう生き方を下卑たることと批判し、他の様々な道と比較しながら考えている。「過分の分限ハ、前生の果てなくしてハ不及よし。大体の富貴ハ、心の誠次第にて成就する事也。……仏道・儒道・神道・歌道・医道・士農工商何れにても、誠を以情分強く一向に思ひ入、其道々大概に達せすといふ事なし」（第六二巻三九五頁）。

しかし、時代的な変化で「奢り」が生まれてくる。「百姓の奢というハ元禄の比と享保の比と引合に考ルに、風俗いつとなく奢に成也」（第六二巻四〇四頁）、「他国ハ不知、当郡ハ年貢多ク、上納と百姓の奢と二ツにて作方計にてハ身体立かたし」（第六二巻四〇三頁）。一七世紀から十八世紀にかけての元禄から享保の数十年間のうちに、小農経営が年貢上納と「奢り」つまり贅沢とで、身代潰れで存続できなくなる事態が生じているのである。

さらには農業を「恥」と思う考え方が出現し、農業を厭う動きすら生まれてきている。「元禄の比と享保の比と百姓の働きを考ルに、古来より各別厳敷、もはや身も命もつゝかさる程に見ゆる也。然共、其所へ生れ出たる者ハ、難儀とハ知なから是非なく農業をなす事、哀成事也」（第六二巻四〇四頁）、「田夫・野人にして、少の事にも身労して見苦るしき事より、外の業なき故、若き者ハ思案薄き故嫌ふ筈也」（第六二巻四〇二頁）。

まさに「難儀」、「見苦るし」といった表現にこそ、農民たちの本音が吐露されているのではなかろうか。思案薄い若者たちは、農業を嫌っても仕方がないと認めざるをえなかった。しかし、「是非なく」、「外の業なき故」に農業を続けるしかない。『農業家訓記』の執筆動機は、こうした事態に対処するためのものであった。「百姓の道」に則りながら、「百姓家業」「家業」（他に第六二巻三九七、四〇〇、四〇一頁など）という考え方を打ち出して、難儀で見苦しい農業に従事するしかない状況で「家」の存続をはかろうとするのである。『百姓伝記』では、「農人の道」による「家職」であった。そこでは小農経営は否定されていたが、いずれにしろ両者ともに「家」の存続、相続こそが当時大きな問題になっていたのである。

『百姓伝記』で肯定されていた「大農」である土豪経営が実は深刻な事態を陥っていたことが、この『農業家訓記』からわかる。「此辺村々頭百姓の仕形を見るに、其所にて高おも一、二番位に控、金壱、弐両も持ハ、男子に鍬を遣ひ習わせすして生立る事、古来より人并例法のやうに見ゆるなり。……鍬ハはぢと思ふ故か、深き思なき故か、人間第一の家業を知さる程の下卑たるはつかしき事ハなき所に、わきまへもなき事也」（第六二巻四〇二頁）、「然と家業を専一とおしゆへき筈成に、鍬を遠慮する事、心へ違なり」（第六二巻四〇三頁）。鍬、つまり農業を「はぢ」、「遠慮」する考え方が生まれていたのである。

それでは、道に達するためにはどのようにすればよいのか。荒起こしに際し、「力のよわきものと、不りちき成者ハ無心元」（第六二巻三三五頁）として、「不律儀」を非難している。「不鍛錬」「不気根」と同じように否定的な形で労働倫理が説かれている。さらには、「若、二、三十年の内、根が続かすといふて油断出来ハ、立身ハ跡へ成、子孫の代にハ衰ふへし」（第六二巻三九五〜六頁）として、「根」が続かないと否定的な表現だが、「根」という労働倫理が発生している事を述べている。この「根」は、『百姓伝記』の「不気根」といわれていた「根」と一緒である。

「根」は他の地域の農書にも見られる。紀伊『地方の聞書』（元禄年間）では「上根のかせき」（第二八巻五頁）、越中『私家農業談』（一七八九）では「近年ハ農人皆下根に成て」（第六巻六七頁）、大和『山本家百姓一切有近道』（一八二三）では「ぢやうこんのはたらき大一の徳」（第二八巻一八六頁）、「じやうこんでじやうずを言ふてつかふ」（第二八巻二三一頁）というように「上根」が、広く使われ出していたことがわかる。小農経営にふさわしい労働倫理として、「根」が明確に意識されるようになってきたといえよう。

「百姓伝記」にみられた「念入」は、「そそう」と対比的に捉えられている。「二番しろ、のりよき所念の入、一人して廿四、五束刈迄。麤相にのらは三十束より三十五刈迄」「そそうにのら」（第六二巻三四八頁）、「念を入ル」「念可入」（第六二巻三六八、三七〇頁）と頻出する。

『農業時の栞』

『百姓伝記』と同じように、欲は肯定し、過欲を否定する。「あたりまへの欲ハセねばならぬもの也。過よくにて儲たる金銀、末行のセぬといふ」（第四〇巻一九三頁）、「忘れまじきハ、恩と堪忍と死ぬるといふ事也。又、慎へきハ、油断と過欲也」（第四〇巻一九二頁）。過ぎたるは及ばざるが如しである。過欲が過度の集約的な肥培管理を生み出し、油断が収量の不安定を生み出しているのである。

「百姓の道」といった考え方は継続してあり、直接的な表現ではないが、「仏法も作方も諸芸も、極意に至れハ、万ン物皆是悟也。悟りといふハ、我を放れたる処が、則悟也」（第四〇巻一九〇頁）と、生き方としての「道」を述べている。

一方、社会的な問題となっていた「奢り」はさらに昂じて、都会の人を憧れ、農業を「賤しき業」と賤視するまでになっている。「近年ハ凶年かちにして、豊年ハ希也。……種にも作方にも相違ハなけれとも、人民の心替り、奢付たる故也」（第四〇巻一六一頁）、「農業ハ賤しき業と心得、片田舎の町人ハ勿論、農人まて都方の人の真似をし、貴賤の分さる形風俗、是奢の長したるにあらずや」（第四〇巻一六二頁）。

こうした深刻な事態に対して、農家を農業に縛り付けるために、農業は国の本であるという「農本主義」の考え方が初めて登場する。「夫、稼穡の道たるや、国を治め天下を平かにする本ならんか」（第四〇巻三七頁）、「米をよねといふハ、世をおさめる根といふ事也。稲とハ命の根といふ事、根ハ則本なり。農業の善悪ハ死生の本なれハ、大切成ル事なり。此故に民ハ国の本ともいへり」（第四〇巻七五頁）、「士ハ四民の上に立ちて……農ハ五穀を作り出して天下の命を養ふ職なれハ、農術精しからずんハ有べからず」（第四〇巻一一六頁）。

また、「米は世の根」、「稲は命の根」という石高制の下での「主穀主義」もまた、この農書ではじめて主張されている。「稲は命の根」いう表現は、この頃より普及しており、備中の川合忠蔵『一粒万倍　穂に穂』（一七八六）（第二九巻五二頁）、摂津の小西篤好『農業余話』（一八二八）（第七巻三七一頁）、甲斐の加藤尚秀『勧農和訓抄』（一八四二）（第六二巻二四四頁）、飛騨の大坪二市『農具揃』（一八六五頃）（第二四巻一二三頁）と、幾つもの農書に出てくる。

「家職」「家業」という「家」から離れて、「農業」という言葉が頻繁に使われるようになってくる。「農業は猶更也」（第四〇巻一五七頁）、「農業ハ賤しき業」（第四〇巻一六二頁）などである。「町人・百姓」（第四〇巻六七頁）、「諸商売」（第四〇巻一五七頁）、「農工商」（第四〇巻一六二頁）というように、社会的分業の展開がすすむ中で、他との比較で職業としての「農業」が自立してきたのである。

作者は、結局「浮世の事ハ、持つもたれつ分取の世界也」（第四〇巻六八頁）と社会的分業を認めながら、農本主義、主穀主義を主張することで農民たちを農業内に留めようとするのである。

『農稼録』

本農書で初めて「農家」という言葉が成立する。「農家と商家と心ざす所うらうへ也」（第四〇巻一二三頁）というように「商家」と対比される。商家は薄利多売で手広く商うのがよいが、農家は適正な経営規模で収量を上げようとするのがよく、経営方針は逆になっているとする。農業と商業を比較すれば、農業は労多くして益少なく、「稼ぎ」としてはあまりにも経済効率が悪いものでしかなかった。だからこそ、商工業を兼業したり、脱農する者たちも出現していたのである。

そこで、「農家の身として農の業を不知ハ、武家の武道に心懸なきが如し……互ひに励ミ合、正直に心を尽し」（第二三巻一六一頁）として、「百姓の道」に類する表現で農家の生きるべき道を指し示そうとした。また、「農業ハ万穀の生立を養ひ育るわざなれバ、尋常の業にして、凡庸のわざにあらず、厚く心掛べき事也」（第二三巻九頁）として、先に紹介した農本主義的な主張で、農業の重要性を説くのである。

「是も念比成上農ハ斯なすべけれど、中農は斯までもせず、下農又疎にして」（第二三巻六一頁）

と、「念比」は丁寧な意味に変わっている。

著者の長尾重喬は国学の影響を受けて、儒教、仏教を非難して日本古来の神道へ傾斜し、当時著名な大蔵永常などによる蘭学の理論的解釈を否定する。「日本の伝へ正しき大御神の御恵ハしらずして、唐土天竺の教へをのミ身にしミてこざかしきを、この者ハ天道天命陰陽五行の道理など理屈をのへ」（第二三巻一七一〜二頁）、「余り窮理して理屈の詰たるハ西洋めきて倭ぶりにもたがひ、神の御心にも叶ふまじくや」（第二三巻三六頁）。江戸農書で示された中国からの陰陽論による農業の根本原理を否定したことは、これまでの農書には全くなく重要な指摘である。

小括

以上、東海地域の四つの農書を見てきた。変わるもの、変わらないものがある。「土地相応」＝「合わせ」により「かえし」＝いや地を防いで、作付け・労働を上手に「まわし」ていくことが、一七世紀末から一九世紀半ばまで一貫して続いていることがわかる。とりわけ、手回しが『農業家訓記』以降の農書に頻出することは、集約的な小農家族経営において労働管理が重要な問題になっていたことの現れであろう。「作りまわし」は出てこないが、「まわし」と「合わせ」という日本農法の原理は変わらない。

「天地自然の恵み」への感謝という広義の農法の根本は、変わらない。そしてそれを支える「百姓の道」も変わらない。しかし、都市の繁盛、商業的農業・社会的分業の展開により、嫌農、脱農現象が出てくる。そこで「農本主義」「主穀主義」が登場してくることになる。

農術のうち、養育技術はどんどん変わっていく。「人工」部分が増大していくのである。ただし、「人工」過剰に対する「反」としての修正力、復元力が働くことにも注目しておきたい。

第二章　江戸農書に見る天・地・人

1　耕作種芸の事ハ、直に天道の福を専いのる事

江戸時代には全国各地で農業に関する書物がたくさん書かれた。主なものは農文協から出版されている「日本農書全集」全七二巻（一九七七〜八三、一九九三〜九九）に約七〇〇点収録されている。原文の翻刻はもちろん、現代語訳、注記、そして解題がついているので、誰でも読んで理解することができる。世界的に見てもこれほど多くの農書が江戸時代の約二五〇年間に書かれたのは珍しいことである。日本で一番古いとされている南伊予の『清良記』巻七の「親民鑑月集」が一六七五年から七九年の間に書かれ、その後三河の『百姓伝記』（一六八一〜八三）、会津の『会津農書』（一六八四）が書かれている。こうした農書が書かれてから、江戸農書を代表する農書が一六九七年に出版された。宮崎安貞による『農業全書』である。

宮崎安貞とその著書『農業全書』については、後述する横田冬彦の考察に基づく（本書一七六～一九五頁）。一六二二年に広島藩士の子に生まれ、その後福岡藩にも仕えたのち帰農した農学者である。周辺地域・隣国、畿内諸国を回り農業を研究し、明の徐光啓著『農政全書』を学び、自らの体験・見聞を基に、わが国最初の体系的農学書『農業全書』を一六九七年に著し、同年死去した。宮崎安貞は、今でいう脱サラをして、農業に入ったわけである。何故、武士を捨てて、農業に飛び込んだのであろうか。地元の新田開発を行い今も「宮崎開」として残っているが、その他に宮崎安貞の痕跡はほとんど残されていない。現在までに二冊の伝記が書かれている（中村吉次郎『先覚宮崎安貞』一九四四　多摩書房、西島富善『農聖宮崎安貞伝　稼穡の方』二〇〇三　葦書房）。『農業全書』の全文は、山田龍雄他により「日本農書全集」第一二・一三巻に翻刻され、現代語訳・注記・解説が付されている（一九七八　農文協）。

一七世紀後半は飢饉が重なり、牛疫によって数多くの牛が死亡し、また乱開発で山林は荒れ、資源は枯渇しかけていた。農業生産は不安定で、農民たちの流浪・移動は頻繁に行われ、まさに生きるか死ぬかの状態が各所で見られた。安貞はそれらを目の当たりにして、心中期するものがあったのではなかろうか。

自序には、「農術をよくしりて、力田に功を用る事あつきにあらずんバ、いかでか飢寒のうれへをまぬかれんや」「農術を教るの書ハ世に伝ハらず」「文盲なる民の読弁へ知べき農書の、世上に行ハれざる」とある。農家でも読める書物を著す事で、庶民の慢性的・潜在的飢餓状態を何とかして救いたいとの熱い志が、『農業全書』に結実したのである。

安貞は三〇歳を過ぎて武士を捨て、筑前国糸島郡女原村（現福岡市西区周船寺町女原）で農業を始め、実験・工夫を重ね、界隈の農家から話しを聞きながら、著作の根幹を作っていった。さらに諸国を遊歴して名人たちに教えを請い、福岡藩の儒者貝原益軒・楽軒から中国農書について学び、枝葉を広げていった。これらの体験、見聞、知識をもとに『農業全書』を著したのであるが、安貞はわずかの差で出版されたものを見ることはできなかった。無念であったろう。しかし、蒔かれた種子は、その後着実に育ち花開いたのである。


『農業全書』の構成は、冒頭に貝原益軒の叙があり、次いで自序、凡例、総目録、農事図がある。その後に第一巻・農事総論一〇か条を述べて、以下第二巻から第一〇巻まで、穀類一九種、野菜類一六種、野菜類二六種、水草・野草・山草類一八種、麻・藍・紅花の三草他一一種、茶・楮・漆・桑の四木四種、果樹類一七種、林木類一五種、家畜・家禽・養魚と薬草類二二種を紹介していく。第一一巻は、貝原楽軒の付録がある。

この構成を見ただけでも、わが国初の体系的農学書というのがうなずけるであろう。各作物については、それぞれの性状、効用、適地、耕作法、経済性を述べていくが、重点のある作物は、以下の通りである。基本食料としての稲・大豆・ごぼう・山芋・みかん類・柿、補食としての裸麦・大根・かぶ・里芋・瓜類および甘藷、衣・住および関連して家具、器材として重要な作物である木綿や桐など、嗜好品としての茶・たばこである。

決して体系的に網羅することに目的があるのではなく、農家の実用に供する事が目指されているのである。これを読みながら、農家自身に工夫をしてもらい、少しでも飢寒の憂いを減じて欲しいというのが、安貞の願いであったのだ。

中国の天・地・人の三才思想に、「天の道を用い、地の利に因り、人の事を尽す」という言葉がある。農業の根本的な考え方を示すものであり、中国・明の『農政全書』を学んだ宮崎安貞もまた、当然ながら受容していた。

農事総論のいきなり冒頭に出てくる。「それ農人耕作の事、其理り至て深し。稼を生ずる物ハ天也。是を養ふものハ地なり。人ハ中にゐて、天の気により、土地の宜きに順ひ、時を以て耕作をつとむ。もし其勤なくハ、天地の生養も遂べからず」（『日本農書全集』第一二巻四六頁）。同じような表現として、「地の利と人の功とハよく調るといへども、天の時に合ざれバ、苦労空しくして益すくなし」（同七九頁）ともある。「天」こそが最も優位を占めていることがわかる。陰陽論に基きながら、天道あってこそはじめて、地の利と人の功は生きてくる。そして農家は、「殊に耕作種芸の事ハ、直に天道の福を専いのる事」（同八三頁）が大切なのであると説く。「祈る」。農業は、種蒔きから収穫まで天に任せて「待つ」しかない。人は手を添えるだけである。農業は「作る」のではなく、「育てる」。待つ間、人は祈るのである。麦作の項で、さりげなく次のように述べている。「惣じて蒔物ハ、土神に渡す心なれば、機嫌を能し、つゝしみて、かりそめにも、疎略にすべからず。則此方の精神を、うへ物が受取道理明らかなる事なれば、心に他念なく、清浄にして、直に土神に対すると思ふべし」（同一五八頁）。安貞の本音が吐露されているように思える。土神を通じて、人と作物は交流、循環しているのである。祈りは、作物に通じるのである。

一六九七年の初版から、一七二一、一七八七、一八一五、一八五六、一八六六年と重版され続けた。幕府・藩の地方役人や村役人、農業に関心ある者たちに「日本第一の農書」として読み続けられたのである。まさに農業関係のベストセラーといっても良かった。なお、『農業全書』の思想については、若尾政希「農業の思想」（岩波講座「日本の思想」第四巻　二〇一三　岩波書店）を参照のこと。

2　程らいを斗ハ天道也

加賀をはじめとする北陸地方は、農書の宝庫として知られている。加賀・越中・能登の農書を中心として、農書の著者たちの考え方を紹介しよう。農業はとりわけ「所変われば品変わる」ものである。自然や風土の共通した同一地域内において、天道・地利・人事の三者の歴史的展開を見てみよう。

北陸地方の農書のはじまりは、加賀国石川郡御供田村（現金沢市神田）の十村役土屋又三郎によって、宝永四年（一七〇七）に書かれた『耕稼春秋』である。『農業全書』が出版されてからわずか十年後であるが、早くも『農業全書』を入手して参考にしながら、「農業常に国郡庄郷、或ハ村によりて粗濃の多用有。日本五畿内ハ濃也。北国ハ又粗き仕立也。又国によると云事ハ、加州ハ濃也。越中ハ粗し……農業全書に耕作手入仕様糞品々濃なる事、加・越・能三州になき委細の勤なり」（第四巻一八三頁）と、自らの地域に相応した農書を生み出した。多肥集約度の地域的差異を「粗濃」という言葉で自覚していた。

さて、『耕稼春秋』の農業観は、どのようなものだったろうか。治水をめぐって人力で防ぐことが出来る部分があるとして、「天の時も地の利にしかす。地の利も人の和にしかすという事最なる事也」（同一九一頁）と述べている。しかし、農業生産において、「人事の実により天地の感応有事」（同二二八頁）は明らかなことだという。「易ハ天地の道理也」（同二〇五頁）、「世界に陰陽有、一身に陰陽有、土地に陰陽有」（同一七四頁）、「一身と世界と違ふ事なし」（同一七五頁）として、陰陽の原理によって天・地・人のすべてが成り立っているとする。

「耕作種芸の事ハ、直に天道の福を専ラ祈る事」（同二四二頁）と『農業全書』の言葉をそのまま引用し、「農事に不限万事能程らいを斗ハ天道也。陰陽の消長遅に其根と成て、かたおちなき理なれハ、一偏にかたよりたるハ天の心にあらす」（同一九三頁）として、陰陽のバランス「程らい」が大事であるとする。

しかし、現実の農業が違った方向へと進んでいることを又三郎は知っていた。「凡人の習わしの浅間敷ハ欲にいたゞきなく、其分限を不弁妄りに貪る心のミ深くして、天のあたへを不足と斗りうれふるハ、是誠に天道にさかふ理にて災を招く道也」（同二二八頁）として、「人事」をこえた「欲」「貪る心」により、「程らい」をはずし「かたより」を招き「天道」に背いていた。

農村指導者としての十村からすれば、「当分の取目」「高利」だけを目ざす商業的農業の展開による多肥集約化は、「地弱く」「土地やせ」という深刻な地力問題を引きおこし、非難されるべきものであった。また、「男女口すきの為山方里方稼売物に懸り、金沢近辺ハ日用取、又ハ宮腰其外宿上下の駄賃馬を遣ふ」（同一七〇頁）といった農村での副業・兼業化も気にかかる。

土屋又三郎にとって理想的な農民とは、「民ハ心気を砕き身を詰て、天の造化にしたかひ、勤る者ハ良農也」（同三五頁）であった。「雨降晴にぶとゝ云虫出て、農人の手足をさす事甚し、上たる人の能忍ばるへき事にあらすといへとも、農人ハ宿馬に斉しけれハ能忍ふ」（同五七頁）というこの言葉にこそ、指導者としての又三郎の「宿馬」という一般農民への見方、「隙間」が端的に現われていたといえよう。

3　天道ハ地の利にしかす、地の利は人の和にしかす

それでは、その他の加・越・能の農書はどうであろうか。加賀国江沼郡小塩辻村（現加賀市小塩辻町）の十村役鹿野小四郎は、宝永六（一七〇九）に『農事遺書』を著した。

冒頭において、「農業は生々の天理に順ひ、造化をたすけ、人を養ふの本をなせり」（第五巻五頁）と一般論を述べるが、内容は細かな養育技術が中心であった。「耕作ノ要タル、植ル事ニ後レス、収

ル事其熟スルヲ待テ急ガズ。糞・修理両輪ニ意付テ」（同一七三頁）として、多肥化と集約化を積極的にすすめた。

そして、「動キ働ク事ノミ詮トシテ、肝要ノ縮ナク、区事ノ手賦・糞・灰等ノ廻シナキハ、働ラカザルニモ劣レリ」（同一七四頁）と、農業経営者として「手賦」や「廻し」ができるようにと自覚を促す。ほぼ同じ時期に書かれ、同じ十村であっても、土屋又三郎との違いは明らかであった。

加賀国石川郡福留村（現松任市福留町）の十村役林六郎左衛門によって、天明元年（一七八一）に著わされた『耕作大要』では、さらに一段と多肥集約化のすすんだ農業の様子が描かれている。キーワードは、「功・不功」という農術の上手・下手である。「屎ノ仕様加減六ケ敷、大キニ功・不功者アリ」（第三九巻二六八頁）、「真ニ作人ノ功・無功ヲ顕ス事爰ニアリ」（同二八三頁）というまでに変わってきているのである。

越中国砺波郡下川崎村（現小矢部市下川崎）の山廻役（十村役にあたる）宮永正運は、寛政元年（一七八九）に『私家農業談』を著した。『農業全書』の引用が数多く見られるが、「是ハ宮崎先生元来筑前の産にて、暖国の地利にのミくわしく、寒国の事に詳かならさる故にや、かくのへ給ふならん」（第六巻二五頁）として、彼もまた「寒暖」の違いによる自らの地域性を自覚していた。

このように『農業全書』を外来の「鑑」とすることで、農家は自らの在地性を相対化して、自覚できるようになった。先ほど述べた「土地相応」＝「合わせ」の「在地農法」が形成されていった。多様な風土で営む農業に、画一的なマニュアルは通用しない。宮崎安貞の『農業全書』は、在地の農家自身の知恵と工夫を開発していき、日本農業に与えた影響は計り知れないものがある。

「農人ハ前にもいふことく、万民のうちにて天道の恵をうけされハ五穀豊熟を得さる」（同二〇二頁）、「時に随て手入ハ、天地の生利に能叶」（同二〇七～八頁）と、彼にもやはりたて前はある。

しかし、本音は別のところにあった。「礼記ニ曰、天道ハ地の利にしかす、地ノ利ハ人の和にしかすといへり。寔なる哉、農業に於ても仮令凶年の不作にも、春より耕を能し、糞培を用、芸を誤す、心力を尽して農業を営む人の田ハ、災を遁るゝ事多し」（同二〇八頁）との考えに基づき、栽培技術を細かく述べている。礼記の言葉通りに、明らかに人事が優位になってきたのである。

能登国羽咋郡町居村（現羽咋郡富来町字町居）の豪農で本草学者でもあった村松標左衛門が著わした『村松家訓』（寛政一一～天保一二年）では、人の生き方として「天道ニ背かさる様致べき事」（第二七巻二五六頁）と述べるだけで、農業に関しては陰陽論さえ排して、具体的に分析的に述べている点が注目される。

越中国砺波郡内島村（現高岡市内島）の十村役五十嵐篤好による天保八年（一八三七）の『耕作仕様考』は、「農業の事ハ耕作春秋・私家農業談等くわしく御座候得者、略仕候」（第三九巻二三一頁）と謙遜しながら書かれている。しかし、ここでも「天道」は登場しない。

国学の影響を受けた五十嵐篤好は、田植の際「今も古風御座候て賑やかニいたし候へハ、退屈不仕候故、仕事もはかゆき可申候。第一ハ其気を受候而苗も健ニおよひたち可申と奉存候」（同二〇七頁）と、「古風」を賛美する。「目ニ見へぬ所ニ道理も可有御座哉」（同二一四頁）と、それまでの「天道」

とは異なる目に見えない新たな道理を探ろうとしていた。

4　稔よき稲を取事は人の仕方に有

以上のように同一の北陸地方の農書に見られた、天道から人事へのウェートの移行は、日本列島全域の農書においても見られる。東海地域の農書の「人工」部分の増大と同じである。それでは『耕稼春秋』と同時期の他地域の農書を見てみよう。

貞享元年（一六八四）〜宝永六年（一七〇九）の佐瀬与次右衛門による『会津農書附録』では、「用天の道、因地の利に、且人の事を尽ハ、天地の化育を賛るの類成へし」（第一九巻三五九頁）と、天・地・人の三才の考え方がはっきりと述べられている。

ただし、三才は同位ではない。「天の道と人のわさハと丶のへとも、其土にあハさる物を作りて地の利に闕たる故に不作すへし」（同三九三頁）という場合もあるが、「都て万物、天地に始り人事に終るといへとも、就中農業ハ人事を肝要に力めて五穀能登なり」（同三六一頁）というのが基本的な見方であった。「人事」「人のわさ」が優位に立っていたのである。

こうした見方は、多肥集約化がすすむに従い一般的になっていった。陸奥の中村喜時による安永五年（一七七六）の『耕作噺』は、越中の『私家農業談』と同じように「礼記」を引用する。「天の時不如地利、地の利も人の和にしかずと古往の伝へなり……此故に天の時の冷気にも負ず、土地の善悪にもまけず、稔よき稲を取事は人の仕方に有と、古往の老農の教なり」（第一巻三二～三頁）、「土地は虚言を申さずとは古往よりの伝えなり。手抜骨ぬきせし事まで、鏡で形を見る如く作体にあらはし、全く隠され不申候」（同一二〇頁）として、多肥集約化を奨励する。

福岡藩の武士によって書かれた天保二年（一八三一）の『砂畠菜伝記』は、「専ラ地の利と作人之才覚による事にて、帰する所ハ才覚也。地の利も才覚なしてハ操ふ事叶ひかたし」（第三三巻二九九頁）と述べている。「才覚」と言われる人事の優位は、もはや当たり前になっていたと思われる。

5　万事天然にまかせ、時節を心長に待つ

しかし、「過ぎたるは及ばざるが如し」の言葉どおり、そうした人事優位に対する批判も出てくる。五十嵐篤好と同じく幕末に国学を学んだ農書の著者たちは言う。下野国河内郡下蒲生村（現栃木県河内郡上三川町下蒲生）の田村吉茂は、「人は天地人の三才の人と生れ出」（第二一巻二一七頁）たからには、「万事天然にまかせ、時節を心長に待つ事専一なり」（同二二二頁）という。「天然」なる新たな言葉が登場する。

「人間生養の根元にして、宝の第一なる穀物を作り出す百姓なれハ、天地自然の理を考へ勤め行ふべき」であるのに、「私欲に迷ひ耕す」者がいる。しかし私は「信の心にて勤むる故に、愚鈍といへ共天地自然の徳」に基き、『農業自得』（天保一二年）をはじめとする農書を書き著わしたと言う（同

一〇二頁)。なお、阿部謹也は田村吉茂の「世間」について検討している(『「教養」とは何か』一九九七　講談社)。

小括

このように見てくると、加・越・能の北陸地方の農書に見られた農業観の変化は、全国的な農書の動きと同一であったといってよい。「農業全書」に見られた天道∨地利∨人事は、多肥集約化の展開に伴い次第に天道∧地利∧人事と逆転していく。ここでも先ほど東海地域の農書で見たように、「人」=「人工」の要素が強まり、農術のうち養育技術が増大していくのがわかる。そして行き過ぎに対して、復元力も働いている。

第三章　最近の江戸農書研究を読む

1　古島敏雄の「学者の農書と百姓の農書」を初めて本格的に批判

●横田冬彦「農書と農民」（『日本近世書物文化史の研究』第九章　二〇一八　岩波書店）
（初出は『読書と読者』第五章　二〇一五　平凡社）

本論文は近世史研究者からする本格的な農書論であり、近年での最大の研究成果といってよい。横田の関心である近世の書物文化のうち、私がコメント可能な農書論、とくに『農業全書』に限って検討する。

第一の功績は、宮崎安貞の『農業全書』の書誌学的考察である。『農業全書』には、いくつかの版本がある。著者横田は、とくに自序のあり方から、諸本の関係を推論していく。従来は、「日本農書全集」の『農業全書』の山田龍雄の解説（『日本農書全集』第一三巻　一九七八）が定説となっていた。それまで自序の短い「神宮本」と長い自序をもつ「天明本」の差異は指摘されていたが、山田は同じ初版本と思われていた「周船寺本」と「神宮本」を比較して、自序が異なることを発見した。そして、長い自序をもつ「周船寺本」が安貞の素志を最もよく表しているとして、これを定本とした。

横田は、関連する諸史料を博捜して、以下のように推論している。最初は、安貞の貝原楽軒への補訂依頼を楽軒が当初固辞した事情を説明した長い自序（元禄九年一一月執筆）をもったものが、元禄一〇年七月に刷り上り、七月二三日に死去した安貞の死後に楽軒の長男である貝原好古によって八月二三日以降にもたらされた。これが「周船寺本」であり、その後長く宮崎家に伝来していった。安貞は死ぬ直前の元禄一〇年七月一二日に益軒宅を訪ねたと推測され、楽軒の補訂作業と「附録」を高く評価して、楽軒が固辞した部分を誤解として削除し、短い自序としたのではないかと考えられる。そして安貞の遺志として短い自序のものが刷り直された。これが「神宮本」であり、他の多くの元禄版もこれに倣っている。しかし、その後の享保版、天明再版は、短い自序では版面に大きな余白が残るので、版面の収まりがいい長い自序が再び採用されたと推論している。

第二の功績は、宮崎安貞が『農業全書』を執筆するまでの過程を推論したことである。これまで元和九年生まれとされてきたが、元和八年（一六二二）に生まれた安貞は、三〇歳（慶安四年・一六五一）になってのち福岡藩を致仕して「牢人」となり、以後四〇余年村里に隠棲して農業を行っていた。しかし自らの営農そのものへの疑問と行き詰まりを感じて、周辺の老農を訪ね、領内・隣国調査も行った。それでも限界にぶち当たり、貞享年間の六〇歳代半ばに、一つは益軒の仲介により藩庫の徐光啓の『農政全書』の研究と、もう一つは藩の後援を得た畿内近国調査という二つの契機を踏まえて、『農業全書』の執筆へと進んでいったと推論している。

第三の功績は、「百姓の農書と学者の農書」という対立的に捉える古島敏雄のシェーマを批判し、両者の関係性を問い直したことである。横田は農書を農業技術書として読むのではなく、「知」のあり方を問うものとして読もうとしている。元禄期には河内の河内屋可正のような老農の経験知が成熟し、地域の交流の中で批判検証されていくが、地域レベルの枠が越えられない。そこに安貞や楽軒・益軒ら知識人による、遠隔地との比較や先進的農法の取り入れ、中国農書による比較基準の導入と体系化、老農への諮詢による検証といった過程を経て『農業全書』に結実する。この新たな基準農書が成立することで、地域の実情に応じて、宝永期の加賀の『耕稼春秋』や、享保期の甲斐の依田長安の家訓が生まれていく。農書の読者がさらに農書の作者となるのである。

つまり「百姓の農書」が独自に成立して、それと対立する「学者の農書」を乗り越えていくのではなく、生産者農民の知が知識人の知に媒介されて、客観化・対象化され集約されることで、より普遍化された出版の知となり、両者の循環的関係構造が成立する。したがってその担い手は、「百姓」か「学者」かではなく、村落上層・村役人層から牢人、藩儒、郡奉行クラス、そして都市知識人層まで多様な「身分的中間層」であったとまとめている。

横田の第一、第二の点については、納得する。横田論文の最大の功績は、何と言っても古島シェーマの対立的な見方を根本的に批判し、『農業全書』を素材にして両者の循環的関係構造を見出したことであろう。

ここで横田の視点である「知のあり方」にもとづき、各人物の知を整理してみよう。ただし、文字を読むことが出来る、文字を書くことができるという「文字知」というのを新たに付け加えてみる。河内屋可正の場合、手作地主であるが彼自身は鎌鍬をとらず、直接耕作はしない。下人が直接生産者である。彼らは経験知をもつ。所々に「功有る農夫」、ただし「口づから人におしゆる」だけで記録はしない経験知をもった老農がいる。河内屋可正は、老農たちの経験知の話を聞き、下人たちの耕作による経験知を文字知によって記録する。さらには文字知により「農人帳」なる記録を書き留めることを推奨する。これらにより、個々の土地と老農の個別性を超えてより一般的、客観的な知を追求している点で、河内屋可正を文字知をもった「老農」と横田は評価している。

宮崎安貞の場合はどうであろうか？　まずは自らの営農経験については、下人に耕作させ、自らは経営管理をしていたとも考えられ、実態はよくわからないようである。近郷や隣国、さらには畿内などを遊歴して、経験知をもち、文字知を持っていたかどうかはわからないが老農たちから「農業の説」を聞いていた。そうした老農への諮詢を、文字知によって書きとめていたのであろう。さらに文字知によって中国の『農政全書』を読むことで、翻訳知をもち、さらに経験知を書きとめたメモか何かによって、翻訳知をそれなりに検証しようとしていた。貝原楽軒もまた翻訳知をもっていたが、経験知を持った老農への諮詢により、それなりに検証しようとした。安貞も楽軒も知識人の知をもっていた。

依田長安は、手作地主として経験知をもっていた。文字知によって経験知を「万覚帳」に書き記した。文字知によって『農業全書』を読んでいた。そして「万覚帳」や『農業全書』をもとにしながら、文字知によって、「依田家訓身持鑑」を書き表した。農書の読者が、農書の作者になったのである。ただしこれは私的なもので、外向きに刊本とはならなかった。

整理すると、直接生産者は経験知をもつ。巧者である老農たちは経験知を口承する。文字知をもった者は、自らまたは彼らから話を聞き、記録していく。これを「農書」といってもよい。『清良記』巻七、『百姓伝記』、『会津農書』などの初期農書などで、刊行はされず写本で流布した。元禄享保期には知識人の知を持った者が、経験知との検証を経て、出版する。『農業全書』である。出版の知を、文字知をもった農民は読んで、自らの経験知と検証をする。そして文字知により新たに「農書」を書き表す。刊本である阿波の『農術鑑正記』（『日本農書全集』第一〇巻）は、『農業全書』と同じ京都の柳枝軒から出版された。『農業全書』の位置づけに関して古島は「学者の農書」と明確に断定はしていないが、横田からすれば農民的な経験知と知識人の知が関係づけられて融合した「百姓＋学者の農書」ということになろう。その後の農書は、循環的に生み出されていく「百姓の農書」である。

それでは、古島の「学者の農書と百姓の農書」に関する主張を逐一検討してみよう。初出は、一九四七年の論文「学者の農書と百姓の農書」である（『古島敏雄著作集』第五巻所収　一九七五　東大出版会）。『農業全書』は漢籍の読書と名産地農法の美しい融合として、独自の地位を占める。『農業全書』を別として、多くの農書を眺めると二つに分類できる。「読書家の著述」と「自らの経験に基づくもの」である。読書家の著述は、さらに学者と地方役人・名主・百姓などによるものと二つに細分される。つまり、学者の農書、地方役人などの農書、そして百姓の農書と、三タイプが考えられていたのである。

学者によるものの典型が、貝原益軒の『菜譜』、佐藤信淵の一連の著作である。地方役人などによるものとして、『粒々辛苦録』（『日本農書全集』第二五巻）、『農稼業事』（第七巻）、小西篤好『農業余話』（第七巻）、宮負佐平『農業要集』『草木撰種録』（第三巻）をあげている。大蔵永常は信淵のような学者ではないとしている。田村仁左衛門の『農業自得』（第二一巻）を百姓の経験に基づきながら、実験的態度で書かれたものとして高く評価している。

なお、注意すべきは、「近代農学の使徒もこの政治体制の中で技術の問題科学の側の独占物とし、技術とは常に外部から与えるものであるという態度を確立するために努力してきた」と、近代においても学者と生産農民を対立的に捉えているのである。「新しい農民の農学が現実の框を破って、またそれを破る条件として、働く人々の中から生ずることによって、古い農学史に終止符を打つ日の一日も早く来ることが、紙魚とともに古農書を漁る歴史家としての望みであり、またその無数に必要な礎石の一つとして働こうというのが、教育者の最大の念願となるのである」と、戦後すぐの古島の心情を吐露して結んでいる。

『日本科学技術史大系』第二二・二三巻農学一・二（一九六七・七〇　第一法規出版）において、古島の近代農学と農民との関係の見方は、大きく転換する（「古島敏雄著作集」第九巻所収　一九八三　東大出版会）。農書に関してその知識の出所から、これまた三つに分ける。第一に既存の文献から来るもの。『農業全書』や『菜譜』、そして陶山鈍翁の『農業全書約言』。第二には見聞記ないし調査結果というべきもの。『農業全書』や陶山鈍翁の『老農類語』（「日本農書全集」第三二巻）。第三に、自己の農事経験の整理である。第一と第二のタイプと混在するものもあり、『百姓伝記』（一六・一七巻）、『会津農書』（一九・二〇巻）、『耕稼春秋』（第四巻）、『農事遺書』（第五巻）、『耕作噺』（第一巻）をあげている。大蔵永常に関しては、自らの農事経験は持たないが、知識の客観化が地域で共有されるようになっており、それらを記述したものと評価している。江戸農書に関しては、対立的な見方は変わらない。

江戸後期になれば先ほど紹介した『農業自得』、河内の『家業伝』（第八巻）のように独自性を持ったものが現れる。さらには中村直三の品種選択の比較実験を高く評価している（第六一巻）。そして、「新しい農学はドイツ流の化学分析の方法に加えて、慣行的な農書作者との断絶面をもつものであるが、圃場試験中心の栽培試験は、伝統的な経験主義との連続性を強く示しているのである。」と評価している。明治期には、「生産の現実と、試験・研究機関のとりあげる試験・研究との関係は緊密」

であったと評価している。

第九巻の解説を書いた海野福寿は、こうした見方の「転換」は、一九六〇年前後に起きたと推測している。契機は、一九五八年二月から翌五九年一月までのイギリスでの在外研究と、一九六〇年夏の「近代日本研究会議」への参加し、J・W・ホールらの「近代化」論に接したからであったと推測している。そこでわが国固有の「近代化」の方向性と西洋文化受容のあり方を再検討しようと決意したのであろうと。しかし、詳しいことはわからない。

イギリス留学では、日々の新聞読みと、経済史関係の新著を読むこと、機会のあるたびに旅行する一年間であった、一九五八年のイラク革命にはとくに興味をもったと回想している（『来し方の記』3「古島敏雄―究めゆく農業史の道―」一九八二　信濃毎日新聞社）。イラク革命、アラブへの関心はその後も続いたと話している（一九九四〜一九九五年の東大農業史研究室でのヒアリング、『社会を見る眼・歴史を見る眼』二〇〇〇　農文協）。しかし、「近代日本研究会議」などに関しては、一切言及がない（「〝土地に刻まれた歴史〟をめぐって―古島敏雄氏に聞く」『歴史評論』第三五〇号　一九七九、「私の歩んだ道」『専修大学社会科学研究所月報』第二〇五号　一九八〇、「農業史研究の軌跡と課題」『日本歴史』第五六七号　一九九五）。

古島などが編集して一九七二年に刊行された「日本思想大系」第六二巻近世科学思想上（岩波書店）は、ほぼ以上の考えに基づき史料が選ばれている。『百姓伝記』、『農業全書』『綿圃要務』、『農業自得』、中村直三の著作。そして解説において、「農民の農書と学者の農書」の項目を立て、「現実からはなれ、確かめることをぬきにして、古典の記述をもとに推理をすすめるという意味での学者の態度を端的に示しているのが、佐藤信淵の農書である」「記帳によってより良き農耕を求めようとする幕末期の農民の方法と、圃場試験の方法との間の間隙は、架橋不能なほど異質ではないことを知りうる。儒学者の学風を受けた知識をもつ学者が、強く権威主義的な、伝承の態度を持ち続けている時、農業に生活をかける農民は、農業の豊産を求めて、新しい技術を見出す比較試験の方法の上でも、一歩一歩前進を続けていた」と述べている。

「転換」は、このように幕末における「百姓の農書」の自生、自発的な到達点を、近代農学へと連続的につなげたかったのではなかろうか。

古島自身による『日本農学史第一巻』に対する解題として、一九七五年に次のように述べている（「古島敏雄著作集」第五巻所収）。農学史に関する仕事は、江戸時代に関しては附録として掲載した「学者の農書と百姓の農書」の線にそうものである。「直接生産者が自己との経験・観察に重点をおき、それを整理して他人に伝えようとしていることを重視する。著者が村役人であっても、このような態度から生じる農書を百姓の農書とし、これに対して古典の権威にたよりながら、体系的な叙述を残すものを学者の農書とよんでいる。このうち百姓の農書の成立過程を重視している。」これ以降晩年までの農書論は、それまでの三タイプの農書論から、村役人の農書も百姓の農書に含んで、学者と百姓の対立的な二タイプへと移行している。

古島自身が校注をした『百姓伝記』上下（一九七七　岩波文庫）では、解説において『農業全書』は学者の立場で、元禄期の商業的農業の発展面に力を入れて書いているのに対し、『百姓伝記』は百姓の立場に立って、江戸時代前期の自給的農業の全容を知らせてくれるとする。実は古島は、一九五〇年代以降、この『百姓伝記』の校注以外は、江戸農書に関する研究をほとんどしていないのである。

最後に晩年の古島の見解を紹介しておこう。「日本農書全集」第Ⅰ期全三五巻（一九七七〜八三）の刊行途中で作られた『農書の時代』（一九八〇　農文協）で、「農書を読む意味」として次のように述べている。農書は大きく二つに分けられ、「学者の農書」は、先人の書いた知識をそのまま金科玉条として集めていったもので、土地土地の条件や各個人の条件との関係には心を配らない。なかには、自分の知識を誇示する姿勢の強いものもある。貝原益軒の『菜譜』、佐藤信淵の『草木六部耕種法』『培養秘録』（『培養秘録』は「日本農書全集」第六九巻所収）などである。そして『農業全書』も大きく分ければ学者の「著書」というべきかもしれない。「百姓の農書」は、自分の経験を大切にし、住む土地の条件をよく観察し、自分のやり方が意味あると考えている証拠を示し、さらに読者に対して住む土地でも良い方法であるかどうかを、自ら確かめてみることを勧めるものさえある。

一九八四年の福岡市での「農書を読む会」において地元の『農業全書』にふれ、「最初に『農業全書』を読んで学者が翻訳をして知識をたくわえたものと、目で見たものとの対比という、そこから出発したものですから、実は戦後になって最初に農書について書いた時の、雑誌論文の題が『学者の農書と百姓の農書』という題なのです。本来の百姓の農書といえるものは、時代が下がるにしたがって多くなってくる。しかも時代が下がって来ても権威に従ってしかものを書けない人もいるという、その点を実は農書読みをしていたことを通じて、日本人の知識のあり方の典型を示すつもりの論文なのです。私ども大学で教鞭をとったような者たちは、だいたいにおいて共通して外国の権威に従っても のを言うという悪弊をもっているのだと思います」。

「今になってみて、私はちょっとおしかったかなという気がしないでもないんですが、『日本農書全集』では佐藤信淵の農書をはずされたわけですね。あれはまさに学者の農書の典型で、本を読んであちこちのものをよせ集めてあげた、そういう点を批判されてはずされたんだろうと思うんです。そういうものも、農民の経験をもととする農書との比較のためや、明治の老農へ影響を知るためには、あってよかったのではないかと思うのです」（『社会を見る眼・歴史を見る眼』二〇〇〇　農文協）。

このように見てくると、「学者の農書」として古島が断定しているのは、貝原益軒の『菜譜』と佐藤信淵の著作のみである。宮崎安貞の『農業全書』に対しては、断定を避けているといってよい。安貞は「学者」だが、その記述には彼の地元の農業の見聞、畿内近国の様子が書かれていた。単なる中国の書物の受け売りの翻訳ではなかった。そのために古島は学者の「著書」というしかなかった。古島自身、きっと困ったのだろう。つまり、「学者の農書」は、江戸農書において、例外的に存在するものでしかなかったのである。

にもかかわらず、古島がそこまでこだわったのは、そして晩年までその主張を変えなかったのは、何故なのだろうか。戦後すぐの最初の論文、そして晩年での述懐に見られるように、日本人の知識のあり方を批判したいがためのものではなかったろうか。戦後歴史学の出発期であり、支配（学者）―被支配（百姓・民衆）の構図の中で考えられたことは、容易に想像できる。支配関係だけでなく、技術や学問においても同様であり、百姓・民衆の農業技術・農学こそが新しい農業・農学を創造していくと期待を寄せていたのである。それこそが、わずか益軒の『菜譜』と佐藤信淵の著作を「学者の農書」と断定し、何百点もある「百姓の農書」の農書を対立的に捉えたことの古島の真意ではなかったろうか。

古島が「学者の農書」とも「百姓の農書」とも断定できなかった『農業全書』の成立過程、その「知」の関連構造を明らかにしたこと、古島シェーマにとらわれていた農業史研究者たちに眼を開かせたこと、これこそが横田論文の最大の功績ではなかろうか。なお詳しくは紹介できないが、横田は『菜譜』に関しても益軒文献学の挑戦と限界として、古島とは別の解釈を行っている。

私は「日本農書全集」第六九、七〇巻で「学者の農書」を編集して、佐藤信淵の『培養秘録』を収録したが、総合解題で次のように述べた（徳永『日本農法の水脈』所収　一九九六　農文協）。古島シェーマのように対立的に捉えるのでは、両者に共通するものを見失うおそれがあり、両者の交流が見えなくなる。そして書き手ではなく、内容により、地域性を自覚した実学書としての農書と、農の仕組みを何らかの原理で解こうとする農学書としての農書にまとめなおすべきだと提案した。幕末ともなれば、百姓たちは実学書＋農学書としての農書を書くまでに至ったとした。しかし、これは古島シェーマの内容による読み替えであり、横田のように両者の関係性を直接検討するものではなかったと、今となっては反省する。

古島は、両者を対立的に捉えようとしたが、その見方は、最後まで変わらなかった。しかし先ほど紹介したように、近代農学と農民との関係は、最初は対立的に捉えていたが、一九六〇年前後で融和的に捉えるように転換しているのである（「古島敏雄著作集」第九巻『近代農学史研究』一九八三　東大出版会）。つまり、近世も近代も対立的、近世も近代も融和的、近世は対立的だが近代は融和的、近世は融和的だが近代は対立的、四パターンが考えられる。古島は、近世は対立的で、近代も対立的であったととらえていたが、一九六〇年頃から融和的に転換する。私は近世も近代も融和的であると考えている。

ここで古島のごく初期の弟子である椎名重明（本書七三頁）の「著作集」完結にあたっての近世・近代農学史に対するコメントを紹介しよう（「古島敏雄著作集」第一〇巻　一九八三　東大出版会　同巻の解題は岡光夫）。椎名は、「百姓の農書」の内容はおもに（寄生）地主的改良だったのであり、地方役人たちの「地方書」も重要であると古島自身が指摘していることからすれば、直接生産に従事する農民の農耕過程に限られた「百姓の農書」と「地主の農書」との対比も重要だったのではないか。つまり、古島が初期に述べていた三タイプの農書が考えられるのではないかとの指摘である。また、一九六〇年代以降の見方である在来農学と西洋近代農学が融和的であったとするのも、一面的なのではないか。西洋農学によって全く新しくもたらされた経験が、改良に結びついた面も評価すべきだという。つまり相補的とでもいう面もあった。私はこの椎名の二つの指摘に賛成する。

私は江戸農書や大和農法の研究から（『日本農法の水脈』一九九六、『日本農法史研究』一九九七　いずれも農文協）、現在では結論として古島シェーマを次のように批判的に考えている。本書の七七頁の図2の在地農法の改良過程で示したように、それぞれの地域には、地域の風土・歴史に相応した「在地」農法がある。改良を重ねながらも、やがて停滞、袋小路に陥ってしまう。そのような時に「先駆層」と呼ばれる農民たちなどによって、「外来」の情報による刺激や他地域の「外来」農法と接触が始まる。それまでの在地農法は、農民たちによって相対化されて古くさい「在来」農法と意識されるようになる。そして外来の知識や情報などは検証され取捨選択されながら、「普及層」により農法の改良がすすめられて、大多数の農民「受容層」により新たな「在地」農法が体系的に形成されていく。ただし、非受容層もいたであろう。

横田の主張からすれば、『農業全書』以後の農書は、学者・地方役人・村役人たちの文字知と、直接生産者の経験知が融合しながら書かれたものであり、書き手の違いによってどうのこうのというのは意味を成さないのである。先の在地農法の改良過程からすれば、文字知による「普及層」の「在地の農書」というのが一番ふさわしいのではないだろうか。私はこのようにとらえることで、横田の主張、古島の難点、椎名の指摘も整合的にとらえられると思う。『百姓伝記』などの初期農書も含め、ほとんどが「在地の農書」、これが江戸農書だったのである。とすれば、在地の経験知にもとづかない「非在地の農書」があることになろう。

古島が一九四七年に「学者の農書と百姓の農書」を主張した時、いわゆる「百姓の農書」がそれほど知られていたわけではなかった。佐藤信淵は近世三大農学者として、宮崎安貞、大蔵永常とともにきわめて大きな権威を持っていた。当時の時代風潮の中での古島の批判は時代的意味を持っただろうし、その後の「百姓の農書」の発掘を大いに進める役割を持ったのではなかろうか。古島が農業史・農学史研究を精力的に開拓した当時の瀧本誠一編「日本経済大典」（一九三〇）、小野武夫編「近世地方経済史料」（一九三二）、同「日本農民史料聚粋」（一九四一）などの段階から、農書の発掘運動といっていいくらいの研究の進展のなかで、七〇〇点にものぼる農書が収録された「日本農書全集」（一九九七）の段階となって、江戸農書への新しい見方が必要となってくるのではなかろうか。「在地の農書」。これが私の提案したい江戸農書論である。

古島は一九四六年に「日本農学史第一巻」で、『農業全書』までを扱うことに対して、「近代科学としての農学が輸入学としての色彩を強くもつことに対していえばわが国固有農学史とも呼ぶべき面に限定される」（「古島敏雄著作集」第五巻二六頁）と言い、一九八三年にも「近代科学導入前の日本人が農業や農業技術を如何にみていたかを探るという意味では、外来農学に対していえば固有農学史である」(『古島敏雄著作集』第九巻ⅳ頁)と述べている。古島は、日本列島に近世の「固有農学史」があるとずっと考えていたのである。それは近世農学に留まらず、近代・現代農学にも通底するのではないかと、私は考える。「農学原論」一般ではなく、「日本農学原論」が考えられる由縁である。

私は農民の経験知を初めて文字化した記録としての江戸農書=在地の農書から、そして一四〜二〇世紀前半までの奈良県の大和農法の歴史的展開から、本書一一七頁の図4で示したように、「まわし」(循環)、「ならし」(平準)、「合わせ」(和合)が日本固有の農法史、農学史の原理だったのであり、それはさらに日本文化の原理であったと考える。

最後に横田の「知のあり方」をめぐって、一言コメントして終える。守田志郎は、農書は指導書の意識で書かれており、並みの農耕とは「隙間」があると指摘した(本書一二八頁)。たとえば横田が紹介している『河内屋可正旧記』には、「百姓と云者ハ元来愚にして、其道功無功の有事を志らず」、「農人をみちびかんとて、右之趣書残すを見て、愚かなる者共、無情なる者共……」(『河内屋可正旧記』二〇七頁、二〇一頁　一九五五　清文堂)と述べ、愚民を教導しようとする。文字知をもつ者は、愚かなる無文字の百姓に対して、いつのまにか優越意識を持ってしまう。経験知というが、文字知をもつ者は、どこまで無文字の者たちの経験知を汲み取ることが出来たのだろうか。横田は、力行(勤勉)と致知(農学)を兼ね備えて、考えながら労働する主体の確立を高く評価する。そして比較、自覚、対象化、客観化、一般化、普遍化を目ざしていく。その「隙間」は開いていくばかりなのではないのか。私は農法の見方として、経験知における「主客合一」を強調している（本書八六～九二頁）。いわゆる科学は客観化や普遍化の「主客二分」の方向へ進んでいくが、少なくとも日本固有の農学は、それとは別の方向性を持っていたのではないかと、私は考えている。

文字知をもつかどうかで人々はどのように違うかを、戦前の農山漁村を歩き、見て、聞いた宮本常一は次のように述べている。文字に縁のうすい人たちは、自分をまもり、自分のしなければならない事は誠実にはたし、また隣人を愛し、どこか底ぬけの明るいところを持っており、また共通して時間の観念に乏しかった。文字を知っている者は、よく時計を見る。二四時間を意識し、それにのって生活し、どこか時間にしばられた生活をしている。文字を解する者は、いつも広い世間と自分の村を対比して物を見ようとしている。と同時に外から得た知識を村へ入れようとするとき、皆深い責任感を持っていると、まとめている（『忘れられた日本人』岩波文庫版二七〇～二七一頁）。

文字知をもつ農書の読者、作者は、宮本で言えば文字を解する者である。ほとんどの農民たちは、文字に縁のうすい人たちである。そして愚民として教導される人たちである。しかし、在地農法は、彼らのような大多数の受容層によって形成されてきたのである。先駆層や普及層は、全体の一割、五分にも満たないのではなかろうか。老農や「身分的中間層」は、大多数の生産農民の経験知を、誠実、隣人への愛、底抜けの明るさまで、すべて掬いあげることはできなかったのではないか。守田の「隙間」というこだわりはそこにあったのではないか。「百姓の農書」の読み手、書き手も農村全体からすれば「エリート」だったのではなかろうか。

江戸時代の識字率については、これまではかなり高いのではないかと常識的に考えられてきたが、最近の研究では、都市と農村、畿内と周辺、男性と女性など、地域差や性差が大きいと言われている（大戸安弘・八鍬友弘編『識字と学びの社会史』二〇一四　思文閣出版、R・ルビンジャー『日本人のリテラシー』二〇〇八　柏書房）。今後、宮本常一とともに、塚本学の「民衆知」（『都会と田舎』一九九一、『生きることの近世史』二〇〇一　いずれも平凡社）や、高橋敏の「民衆の反文字思想」「村落生活文化」（『日本民衆教育史研究』一九七八、『近世村落生活文化史序説』一九九〇　いずれも未来社）、網野善彦「日本文字社会の特質」（『日本論の視座』一九九〇　小学館）などとともに考えていきたい。

守田はさらには、こうした大多数の農民たちを、日本社会や国家の敷石にしようとする民族的体質を告発したかったのではないか（本書二六頁）。それを隠蔽するイデオロギーが「農本主義」であった。宮本常一は、女たちは「農本主義」の欺瞞性を本能的に感じ取っていた、と述べている（本書二三〇頁）。ただし、横田の関心は、「近世書物文化」の形成と展開であることからして、ないものねだりの指摘であることは承知している。

応用科学の実学としての農学、それを担う者たちは、現場の農業の改良に貢献しようとする。無関心ではいられない。現場を無視することへの「後ろめたさ」を感じる。純粋科学のように、研究にのみ没頭できない。少なくとも私には、そのような感覚がある。古島のいう「わが国固有農学史」の底

写真３　「日本農書全集」完結記念会、前列中央が古島敏雄先生
（1983. 6. 25）

流には、このような「使命感」があったのではないか。

守田の最初の著書である『日本地主制史論』（一九五七東大出版会）は彼の単著にもかかわらず、古島の指導下での共同研究体制の産物ということで、古島が共著者として名を連ねている。古島は岩波文庫より『百姓伝記』を出版していたが（一九七七）、「日本農書全集」第一六・一七巻の『百姓伝記』は、編集委員の一人であった弟子の守田が担当していた。半分まで現代語訳を済ましていたが、一九七七年九月に不帰の人となった。その後の仕事は、同門の岡光夫が引き継いだ。一九八三年の「日本農書全集」完結記念会の挨拶で、「最後に、守田志郎さんが出発程なく亡くなられたこと、守田さんお一人のためではなく、学界のため、全集のためにも、大変な損失だったと思います」と悼んでいる（完結記念会のパンフ　一二頁　一九八三農文協）。古島にとって守田は岡光夫と並んでごく初期の弟子であり、守田がたとえ「金の学問」と古島批判をしようとかわいい愛弟子であったのだろう。私は、古島が持ち続けた「初志と情熱」、守田の「苦渋と転回」を学び、受け継いでいきたい。

横田の画期的な論文に触発されて、いつのまにか古島・守田論、日本農学論にまで脱線してしまった。今から四〇年ほど前、私が大学院生・ＯＤ時代、横田とは京大文学部の国史研究室で朝尾直弘門下生の方々と一緒に読書会で議論し古文書合宿などで指導を受けたことがある。ありがたくも懐かしい思い出である。今こうして再び、横田の実証的かつ大胆な論旨の論文に巡り合えたことに感謝して、擱筆する。

2　大蔵永常の新しい読み方を示した好著

●三好信浩『現代に生きる大蔵永常―農書にみる実践哲学―』（二〇一八　農文協）

最初に全体の内容を紹介する。「序章　天領日田の精神風土」では、大蔵永常が生まれ育った日田の精神特性が「商業的合理精神」（一二頁）であったことを強調する。同時期には咸宜園を開いた広瀬淡窓がおり、著者三好の故郷でもある。「第一章　旺盛な著作活動」では、死後に出版されたものも含め二九冊もの著作があり、農書が一九冊、道徳書が四冊、国語辞書が三冊、生活書が六冊となっている。「第二章　永常農書は何のために書かれたか」では、自身が体験した天明飢饉の惨状から救荒の思いが強く、農民を少しでも「利」へいざないない、「民富」の向上をめざすことが永常農書のライトモチーフとなったとする。「第三章　農業技術をどう伝えるか」では、農民の自主性に期待を寄せ、そのためには支配層の「地頭」の世話と「老農」が仲介役として模範を示すことが必要であると考えた。

「第四章　農書から拡張するジャンル」では、農書一三種のほかに、子育て書、簡易書簡書、教訓奇談書、飢饉対処書、薬方書まである。農民生活をトータルにとらえ、当時貧窮にあえぐ農民を、収入面だけでなく生活全面を豊かにしたいと考えたからである。「永常は江戸期の最高の農民啓蒙家」(七三頁)であったと評価している。「第五章　技術論(の先進性)と道徳論(の保守性)の乖離をどうみるか」は、著者が大蔵永常を研究しはじめた当初からの疑問であった。同書においても明確な答えは出されていないように思える。「意図的か無意図的か」はわからないが、農民支配体制を批判することなく農民救済を考え、技術の向上により農村改革を図ろうとしたということであろうか。

「第六章　広益国産考の近代性」では、『広益国産考』が永常農学の集大成を示すものであり、「広益」・「国産」ともに永常の造語であり、そこには科学的合理性と経済的合理性を見出すことが出来る。そして近代への「無意図的先見性」を評価する(一一三頁)。「第七章　現代に生きる大蔵永常の精神」では、日田の大山町の矢幡治美(一九一二〜一九九三)の活動を紹介する。コメ中心の農業から脱却、換金作物の奨励などは、農業の世界に経済的合理精神を入れ込み、民富の向上を目標にした点で、永常と共通すると評価し、現代まで永常の広益国産の思想は日田で生き続けているとする。「終章　『農業商賈』としての大蔵永常」では、永常の生まれ育った日田の精神特性である商業的合理精神と、成人してから長年暮らした大阪のプラグマティズムが融合した、農業を扱う「商賈」＝商人（一四〇頁）であったと総括している。「日本における農民の実践哲学の原点は永常にあり」（一四五頁）が本書の結論である。

本書の特徴は、第一に永常の生まれ故郷である日田の精神風土である商業的合理精神に着目した点である。同時代の咸宜園の広瀬淡窓、二〇世紀の矢幡治美を例に挙げながら、著者自身の故郷でもある日田への愛着からくるものである。これまでの「江戸時代における唯一の農業ジャーナリスト」といった見方から、「農業商賈」といった評価は日田出身ならではの著者の評価といえよう。二〇一五年五月に近畿農書を読む会で日田を訪ね、「大蔵永常先生生誕之地」の石碑を見、咸宜園の建物を拝観した。

大蔵永常の人となりは、彼の著作や書簡、同時代人の記録などから類推されているが、永常とじかに接した人の思い出話がある。田原藩で永常の助手として働いた佐治右衛門とその妻の話として、息子の老農中村義上から、『大蔵永常全集』を編集しようとした早川孝太郎と大西伍一が聞き取ったものである。昭和七年に聞いて、早川は「無頓着な人」であったと記録し（『大蔵永常』二五七頁　一九四三　山岡書店）、大西は「体は大きく性質は朴実であったが、常に口数少なく人と応対することも拙かった。他家へ行っても黙って上がりこみ、じっと座っていてやがてまた黙って帰っていくという風で、問えば答える、問わなければ自らは話さないという性質であった」と紹介し、「朴念仁」のようなところがあったという（『改訂増補　日本老農伝』三三二頁　一九八五　農文協）。「農業商賈」のイメージとは少し違うような気がするが、私にはそれ以上言及出来ない。

第二には、教育史の専門家としての評価である。「農民啓蒙家」「永常農書にみる実践哲学」といった評価は、著者が長年にわたり研究してこられた工業・商業・農業教育の成立と発展などに関する実証的な研究に支えられたものであろう（全一三部、いずれも風間書房）。

二つの点とも、これまで農業技術の面から、農書を中心に評価してきたことに対し、永常の新しい側面に光を当てたものとして高く評価されよう。

次に疑問点を述べる。著者の永常研究の出発点となった、技術の先進性と道徳の保守性との乖離はどのように説明されたであろうか。

「彼は、意図的か無意図的か、封建社会の農民支配の体制を批判することなく、その中で生きる農民の救済を考えた」（同書八五頁）。津田秀夫による研究を、結果的には体制を超える発想をしていることに注目したとまとめ、「いわば無意図的先見性である」（一一〇頁）。「永常は、永い目で見れば、そして本人は意識しなかったにせよ、結果的に見れば体制を越えていた、ということが重要である。永常が現代に生きるとすれば、その無意図的先見性にあった」（一一三頁）。「永常を商賈としてとらえることによって、封建社会に生活しつつも、近代社会につながる思想をもった先覚者とみなすことはできないであろうか」（一四二頁）。「後世になってその先見性が評価された」（一四三頁）。「永常の先見性は、現代にまで色あせない」（一四五頁）。

つまり永常は、道徳の保守性をもちながらも、本人は意識しなかったにもかかわらず、封建体制を超えて近代につながる先見性をもっていた、ということになる。はたして、その根拠は何だろうか？

技術的先進性を持っていた、日田ではぐくまれた商業的合理精神をもっていた、明治に再評価されたように科学的・経済的合理性をもっていた、現代の日田で永常と同じような考え方をもった矢幡治美が活躍した、というところであろうか。私には無理があると思える。

「無意図的先見性」などというものが、果してあるだろうか？　永常は保守的ではなく、封建体制の批判者、近代の市民思想的要素をもっていたとしたい著者の願望に過ぎないのではないか。それは著者がこの間、商工業や農業の教育、啓蒙思想を研究してきたからではないか。

永常は、封建社会の中で技術的先進性、経済的合理性をもった農書作者であったという評価だけではいけないのだろうか。永常が主張した「堪忍、孝行、倹約、陰徳」（六二頁）、「孝行、正直、貞節」（八一、八五頁）といった「通俗道徳」（安丸良夫『日本の近代化と民衆思想』一九七四　青木書店、同『文明化の経験』二〇〇七　岩波書店）は、はたして悪いものだろうか。永常が主張してやまない農民の主体性、自主性、永常の志である農家経営・生活の向上、女性労働の評価などの源は、まさに通俗道徳にこそあったのである。だからこそ、永常は広く読まれたのではなかろうか。

「日本の民衆の哲学は、日々の生業の中で思索したり体験したりする軌跡を辿って、そのエキスを搾り出すことによって精製されるものと思う」「日本における農民の実践哲学の原点は永常にあり」

（一四五頁）とするならば、「乖離」こそが逆に大切なポイントだったのである。そのように読み替えるすることで、永常の全体像は描けるのである。

なお、私が永常農学を評価する点を二つ指摘しておきたい。一つは、歴史的な視点を持ち合わせていたことである。著者は、宮崎安貞と比較して共通点と相違点を指摘し、技術面と内容面での拡張があったと指摘する（三〇〜三二頁）。さらに私が強調したいのは、絹作に関して『農業全書』に対し、「然れども百年余前の事ゆゑ、今にくらぶれば流行におくれたる事どもあり」「（日本農書全集」第一五巻三三一頁）と述べている点である。全国各地の農書作者たちは自らの地域性と比較して、『農業全書』との違い、「土地相応」を述べるのがほとんどであり、百年余り前のことだから変わってきているんだよといった「時代相応」の歴史的視点は弱いのである。ここにも永常の特長がある。

もう一点、永常農学の評価として指摘しておきたいのは、植物と動物の相似性を指摘した点である。永常は日常的な観察と蘭学を学びながら、河内の木下清左衛門は日々の農作業体験と陰陽論から、同じ結論に到達した（本書九七頁）。「日本農学」の可能性を考える場合、中国からの陰陽論や欧米からの蘭学・洋学、近現代農学の「外来」思想の刺激を受けながらも、日本列島の「在地」に根ざした農学が自発、自生して農書として文字化された意味は大きい。大蔵永常は、日本農学の歴史に大きく位置づけられると言えよう。

第Ⅲ部

農業史研究つれづれ

第一章　日本農業史研究の流れを読む

1　古島・網野が残した課題に大胆な回答を提供

●書評：伏見元嘉『中近世農業史の再解釈―『清良記』の研究―』（二〇一一　思文閣出版）

本書は、日本最古の農書と言われている南伊予の『清良記』第七巻を中心に検討しながら、中近世農業史の再解釈を試みる野心作である。本書の構成は、以下のとおりである。第Ⅰ部「軍記」の解釈：『清良記』をめぐって、軍記『清良記』の検証、軍記の検証からみえるもの、「第七巻」の検証の四章、第Ⅱ部「農書」の解釈：「第七巻」のいわゆる「農書」としての疑義、鬮持制度と「本百姓」の成立、近世前期の営農と『清良記』の位置づけの三章、第Ⅲ部「農業史」再見：「水田稲作」の再見、中世・近世前期「農術」の展開、農書としての『清良記』研究の意義の三章、合わせて三部一〇章からなる。

第Ⅰ部では、第七巻のみを問題にするのではなく、地元の農業改良普及員である松浦郁郎の懸命の努力によって翻刻された『清良記』全三〇巻（一九七六　自費出版）を「軍記物」として読み、数々の疑問を提示する。『清良記』の虚構性、物語性を明らかにし、なぜそのような事態が生じたかを、『清良記』の成立過程から検証する。

慶安三年（一六五〇）〜承応二年（一六五三）に土居清良の末裔で三島神社の神職土居水也（一六五四没）によって、先祖の土居清良とその家臣の記録を事実に基づき三五巻本として書かれたものが原本1である。その後、清良の三三回忌（一六六一）に清良神社の創建が企てられ、寛文元〜三年（一六六一〜六三）までに、京都の吉田神社に創建を申請して免許を得た。この経緯を一巻追録した三六巻の原本2が成立した。ただし原本1、2は残っていない。

寛文年間に導入された鬮持制度に係わり、土居中村の元代官・庄屋土居与兵衛の総領・小兵衛が延宝三年（一六七五）に刑死（追放？）させられる。そこで与兵衛は、原本を「軍記物」として虚構や架空を交えて改編した。吉田藩初代藩主伊達宗純の藩政への批判、土居家の持高と特権的な身分を奪ったことへの告発、抗議、怨嗟を込めて、書き換えた。その時期は与兵衛の没年である延宝七年（一六七九）までであろう。この改編本が現存の各種写本のもとになると、著者は地元の史料を精査しながら推測している。

第Ⅱ部では、『清良記』第七巻の内容を、地元の史料とつき合わせながら、地域史として記述の信憑性を検討する。南伊予に見られる階層別経営は次の四つである。

上農経営・庄屋：与えられた土地が多く、下人を抱え、徴収される豊富な労働力を背景に、商品栽培を積極的に取り入れている。稲作と商品作物栽培を「近世に成長した「農術」」で積極的に行う。

本百姓：一廉（基本は田一町、畑二・五反）の耕地を持つ「一廉経営」であり、「中世に生まれた「農術」の祖形・基礎」による米と麦田の麦に重点を置くことにより、安定的な経営を行う。

半百姓：面積は半減、雇用費を節減して、手間が掛けられる部分に緻密な「農術」を集中する「半廉経営」である。

四半百姓：他の稼ぎとの兼ね合いで、他の稼ぎが忙しくてその収入が多ければ農業は手を抜く「野良者」。他の稼ぎが少なければ、食べるための小規模な田を「田畑輪換・まわし」させる「四半廉経営」、「片手間農家・兼業農家」である。

近世初頭の商品作物の栽培が盛んだった時代の名残が、庄屋の上農経営として集約され、一方で一廉経営が行われており、『清良記』ではその両者が描かれている。『清良記』では、太閤検地、幕藩体制による経済規模の縮小の中で、改編者たちの経験から村を立て直すための規範を上農経営に求めているが、地元の史料からは近世前期の平野部では実態として、一廉経営が南伊予農業の本流となっていた。改編者たちによる「上農経営」の記述を当時の平均的な営農だとしてそのまま引用することは、間違いである。

これまでの農業史は、古島敏雄の『日本農学史（第一巻）』（一九四六　日本評論社、「古島敏雄著作集」第五巻所収　一九七五　東大出版会）以来、『清良記』『百姓伝記』『農業全書』などの農書の記述から、近世前期の農業技術を描いてきた。しかし、第Ⅰ・Ⅱ部からわかるように、『清良記』の記述を鵜呑みしたのでは近世前期の農業の実態を正確に把握できないと、著者は言う。第Ⅲ部では、大胆不敵に農業の起源から近世前期までを再解釈し、今後の農業についても提言する。ここでは中近世にしぼって著者の主張をまとめる。

わが国の水田稲作は、無施肥・不耕起の「自然循環維持型」によるものが起源である。地力を維持する働きと収穫は均衡し、流水による連作障害物質の排除作用で稲作の連作が可能となり、耕起が必要ない常時湛水田が基本であった。

二毛作は、田が旱・出水などで機能を失ったところに、畑作物を栽培したのが起こりで、次の段階として稲の収穫後に田を畑化する努力が始まった（著者はこれを後に第一次二毛作と呼んでいる）。農業は畑と田の二系統で互いに成長してきたが、平安時代後期から鎌倉時代にかけて、畑輪作の多様性の延長上に積極的な「畑と田の結合」が起こり、農術の萌芽を促し、成長させた。

二毛作田は意図して自然循環による肥料形成サイクルを断ち切る「自然循環断絶型」であり、自然の肥料形成力が落ち、さらに表作の稲と麦に分散される。これを解決するために、裏作付をする田を変えるだけでなく、田に従来用いられなかった畑作の技術である刈敷の投入、牛馬糞や人糞尿を刈敷に吸着発酵させた糞土などの利用が模索される。

乾田では表作の稲の減収穫をともない、かつ労力を多く必要とする二毛作から、多収穫で労力が少なくてすむ大唐米に転換されていく。大唐米の伝来は鎌倉後期であるが、一四世紀には普及していき、中世後半の農業生産力向上の大きな要因となる。

二毛作田の自然循環断絶型の欠点の克服は、一四世紀初めに登場した「箍桶《たがおけ》」により、人糞人尿の運搬範囲が広がったことによって解決する。「農具」としての箍桶の普及が、表作の減収穫が避けられる二毛作恒常田の大面積化と（これを著者は後に第二次二毛作と呼ぶ）、田植え後の水温の上がらない地域や、漏水の多い田の収穫量の増大をもたらす。また、畑作では川の遊水池で肥料分が自然に客土される所、生活排水が供給される所、焼畑で灰肥が利用できる所、菜園のように糞土が運べる所だけでなく、箍桶によって肥料と水が運べることで、園芸的な栽培から脱して「常畑」として営農できる面積が一気に拡大する。

農術は、畑・水田・乾田での二毛作を含めた三つの技術系統を確立し、一四世紀以降の時代を大きく変えていった。大唐米・箍桶・第二次二毛作を外して、この時代を理解することはできないと、著者は強調する。

畑と田が結合して、金になる作物の収穫と畑を遊ばせない効率に目を向けた多彩な技が採り入れられていく。金肥の導入、肥料効果を高めるために深耕、肥料の購入代金を賄うために単位面積の収穫量の増大が求められる。多肥による障害対策、多収穫を目指す細かな手入れと、農術の向上が求められ、労働は過密・過大なものとなり、多労を厭わなくなる。金肥や雇用労働力、さらには市場経済など「外来・在外」への依存が大きくなる。

幕藩制による急速な経済規模の縮小は、商品作物に比重を置いていた経営にとって苦しいものとなる。さらに一六三八年から西日本一帯に広まった牛疫により、牛耕と牛糞という農業の基盤を失い、農家の経営基盤を脆弱にさせる。追い討ちをかけるように一六四二年に寛永の大飢饉がおこる。以上が、著者の描く中近世農業史の見取り図である。

本書の貢献は、第一に、『清良記』を「軍記物」として全編読みながら、地元の史料と関連づけながら、その成立年代と作者に関して有力な説明を行ったことである。これまで『清良記』研究を開拓してきた菅菊太郎、西園寺源透、近藤孝純、山口常助ら地元研究者の諸説の関係も、原本1、2、改編本、写本の流れにより説明できるようになった。今後この伏見説を有力な仮説として、検討されることを期待する。

第二に、軍記物として改編された『清良記』の虚構性、物語性を明らかにすることにより、農書として第七巻の読み方を明らかにしたことである。著者は結論として、『清良記』は栽培技術中心の農書ではなく、農史研究者の黒正巖が指摘した「ならし」（三九八頁）と「自然との付き合い・折り合い」（三九八頁）の中で、収穫の安定と村の安定的維持のために、農家の規模と農術を記したものとしている。そこには近世前期の経済規模縮小の中で、村と農業を立て直す、あるいは新たに作り出そうとする先人の苦悩と志が読み取れるとする。

第三には、中世から近世への移行期に、第二次二毛作、大唐米、そして今まで注目されなかった農具として箍桶の役割を明らかにすることで、中近世農業史の再解釈を行ったことである。フロー一辺倒からストックを可能にさせた箍桶の発見は、衝撃的である。戸田芳実は一九五九年に「農業生産力が具体性を欠いたまま増加したとする古島農業史観で済ませているが、その後の研究も古島氏の研究に依拠・補正したものに過ぎない」と指摘し（『日本領主制成立史の研究』一九六七　岩波書店）、網野善彦は内藤湖南の見方を受け継いで、「現在の転換期と同じような大きな転換が南北朝動乱期、一四世紀に起こったと考えられる」という見方をしたが（『日本の歴史をよみなおす』一九九一　筑摩書房）、これらに大胆な解答を提供したといえよう。

最後にいくつかコメントする。第一に、『耕作事記』（「親民鑑月集」「五穀雑穀作其外作物集」「耕作問答」「土地弁談」などを所収）の位置づけがよくわからなかった。「「第七巻」の元本となった『耕作事記』」（三五四頁）、「『清良記』とその元本となった『耕作事記』」（三七七頁）と書かれており、成立過程を考える上で重要だと思えるが、書誌学的検討が不十分ではなかろうか。

第二に、「中世に生まれた「農術」の祖形・基礎」と「近世に成長した「農術」」は、農術のシステムとして違いはあるのであろうか。著者の言い方からすれば、「化育」（二八〇頁）農法から一四世紀以降「多育」（三九四頁）農法に転換して、同一だと理解するのが妥当なのではなかろうか。私は「天然農法」から一四世紀以降「人工農法」へ徐々に転換していくと考えている（本書一一八頁、『日本農法の天道』二〇〇〇　農文協）。

第三に、野心的な主張であるがゆえに、少々論理が飛躍しているところ、推測が過ぎているところ、叙述が整理されていないところが散見されて、全体として著者の主張が読み取りにくい難がある。この点、さらに推敲が必要だったのではなかろうか。

著者は一九九九年に大阪経済大学日本経済史研究所の寺子屋「史料が語る経済史・農書が語る江戸時代の農業」で講師の評者と出会って以来、評者の主宰する関西農業史研究会の毎月の例会に欠かさず出席し、十数年間研鑽を積んでこられた。その成果がこうして一冊の大著としてまとめられたことを喜ぶとともに、その地道な努力に敬意を表する。本書の上梓後、三間の松浦郁郎を訪ねて献呈されたと仄聞する。松浦の喜びはいかばかりであったろうか。松浦と評者は、「日本農書全集」第一〇巻（一九八〇）において、『清良記（親民鑑月集）』を共同して校注、現代語訳をした。一九九六年五月一八、一九日には、「近畿農書を読む会」で三間町を訪問し、旧交を温めた。懐かしい思い出である。また市井の研究者の出版を英断された思文閣出版と編集者のご努力に感謝申し上げる。

（『社会経済史学』第八一巻一号　二〇一五　所収）

2 「百姓の矜持」と「仁政」とは何かを命がけで説き続けた一百姓の生涯

●紹介：清水隆久『百万石と一百姓―学農村松標左衛門の生涯―』（二〇〇九　農文協）

「百万石」は、「一百姓」に各地の産物調査を命じた。一百姓は、百万石に殖産興業の献策を行い、時には厳しい政治批判を行った。しかし、両者の意図が結びつき実ることはなかった。一百姓は、膨大な著作を残して亡くなった。

「百万石」とは、言わずとしれた加賀藩である。「一百姓」とは、十村役（他藩での大庄屋にあたる）でもない能登の村松標左衛門（一七六二～一八四一）である。

百万石の城下町・金沢に住む清水隆久は、埋もれていた一百姓の生涯を全八章、四〇を超える図表、六〇〇頁にも及ぶ大著で明らかにした。そして、彼の主要著作を地道に翻刻・現代語訳・注記・解題して、現代に甦らせた。

『百万石と一百姓』と名づけた意図を清水は、「百姓の矜持に生き、百万石の権威に対しても敢て臆することなく、自らを主張した百姓が存在したこと、さらにこうした一百姓の力にも依存せざるを得なくなった時代の流れを、広く知ってほしいとの思い」（「まえがき」）があったからだと述べている。

写真4　清水隆久氏（前から3列目の右から2人目）

近畿農書を読む会。村松標左衛門の生誕地である石川県富来にて（1989. 5. 13）

清水は、村松標左衛門を「学農」と呼ぶ。学農とは、清水の造語である。たぎるような学問への情熱、旺盛な知識欲をもつ標左衛門は、辺鄙な奥能登の寒村に住みながら、万巻の書物を渉猟して通読し我が物とした。

本草学を、当時最高の本草学者小野蘭山に学び、自ら薬園経営を行い薬種業も営みながら、全二二冊三三〇〇余点に及ぶ『腊葉帖』（一七九七～一八四〇）という植物標本を残した。今も色鮮やかに残る押し葉帖は、在野の本草学者村松標左衛門の真面目を伝えている。

採集・観察・分類比較という本草学的手法を産物調査に活かして、全七巻八分野一一七項目からなる『工農業事見聞録』（文政末～天保年間「日本農書全集」第四八、四九巻）他の見聞録を著した。西南暖地で書かれた宮崎安貞の『農業全書』を批判的に摂取して、東北寒地の実態に即した全一二巻の農書

『農業開畲志』（一七九五～）を著した。

ご先祖様から受け継いだ二百石の大規模な豪農経営の存続維持を願って、『村松家訓』（～一八四一　第二七巻）を子孫に残した。さらには、馬療書として全二〇巻にも及ぶ『馬療木鐸大全』（一八三四）他を著した。こうして三〇近くの著作を残した一百姓の姿を清水は、篤農・精農・老農といったこれまでの言葉では表現しきれないと考えたのである。

学農村松標左衛門の根底を支えていたものは、「百姓は百姓にて事足り候」（村松家訓）という矜持、百姓としての誇りであった。標左衛門が活躍した天明から天保の時期は、凶作・不作に見舞われ、藩の財政は逼迫し、藩政改革は思うようにすすまなかった。百万石は、一百姓にすぎない学農に助けを求めざるをえなかった。

標左衛門は、農業・農民を大切にする政治こそが仁政であるという「利民の志」（一八二四「物産方届覚書」）を胸に、藩の産物方として全国各地の産物調査をして藩に報告した。さらには、文政期に一〇〇項目、天保期には一三三項目からなる上申書を提出している。そこには、藩の政治に対する鋭い分析、命がけともいえる厳しい批判が含まれていた。

清水の学問的出発点は、不惑を越えて一九五七年に著した『近世北陸農業技術史―鹿野小四郎著「農事遺書」を中心として―』（石川県片山津町教育委員会）である。還暦を過ぎて、『近世北陸農業史―加賀藩農書の研究―』（一九八七　農文協）で、それまでの研究の一応のまとめを行った。『農業図絵』（一九八三「日本農書全集」第二六巻）、『民家検労図』（一九九五　石川県図書館協会）の仕事は、江戸時代の農業を絵で見て分かるようにさせてくれた。そして二〇〇九年、傘寿を過ぎてこの大著を著した。

「〝生涯書生〟をモットーに小刻みの目標を掲げながら、六〇年近く研究に取り組んできた」（「あとがき」）清水の高校教師として、在野の農業史研究者としての愚直ともいえる一直線の生き方は、何かしら学農・村松標左衛門を髣髴とさせるものがあるのではなかろうか。本書は、長年にわたる奥様の全面的協力に満腔の謝意を表して、閉じられている。

（清水はその後も研鑽を重ね、編著として『埋もれた名著「農業開奮志」―村松標左衛門の壮大な農事研究ノート―』（二〇一四　石川農書を読む会）を出版し、お元気ながら遺書として『激動を生きた一教師の記録―子・孫への遺書―』（二〇一一）、『卒寿のたわごと百選（第二の遺書）―楽学舎随想―』（二〇一八）をまとめ自費出版されている。近畿農書を読む会では、二〇一六年五月一四、一五日に金沢において、清水隆久先生の卒寿、奥様幸子様の米寿をお祝いして、記念講演会を行った。多くの方々にお集まりいただき、ありがたかった。石川県立図書館では、標左衛門の数多くの著作、史料とともに、現物の『腊葉帖』を見せていただいた。まさに眼福の至りであった）。

（『週刊読書人』第二七八七号　二〇〇九　所収）

3　無名の多くの農民の代表者である一老農を活写し、転換期の日本農業へ示唆

●書評：内田和義『日本における近代農学の成立と伝統農法―老農　船津伝次平の研究―』（二〇一二　農文協）

本書の構成は、以下のとおりである。序章「船津伝次平の生涯と本書の課題」では、船津の生涯が簡単に紹介され、「難解な老農」（斎藤之男）と評された船津を農学史上に正当に位置づけるのが課題であると明示される。

第三章「船津伝次平と稲作論」で、船津伝次平の前半生が描かれる。一八三二年に上野国勢多郡原之郷村（現在の群馬県前橋市富士見町原之郷）に生まれて、一八五七年に家督を継ぐ。そして地域で経験してきた伝統農法を体系化して、稲作論を取りまとめる様子が検討される。第四章「船津伝次平と駒場農学校」では、一八七七年に駒場農学校へ出仕して農場の管理をし、一八九五年から巡回教師として全国を駆け回り、一八九三年からは農事試験場に技手・技師として勤務し、一八九八年に死去するまでの後半生を紹介している。本書全体は後半生の検討が中心である。

次に、彼の農学史上の位置を検討するために、それまでの研究史を検討し、緻密な史料分析に基づ

きながら、その是非を明らかにし、自説を展開する。第一章「船津伝次平の自然観と『率性』論」では、明治一九年から林遠里らの前近代的な自然観を批判し、農業の近代化を進めるために西洋的自然観の正当性を主張するが、最終的に朱子学を鋭く批判した太宰春台の権威を借りて、彼の「率性」の言葉を船津独自に「性をひきいる」と読んで、根拠付けしようとしたことが明らかにされる。この点は、今まで「率性」の解釈が曖昧であっただけに、重要な指摘である。第二章「船津伝次平と『稲作小言』」では、一八九〇年に刊行された『稲作小言』の著者について検討する。従来は奈良軍平説があったが、農商務省の職員であるという立場から自分の名前で公表することを憚ったにすぎないとした。

第五章「船津伝次平と農学者」では、第四章とともに駒場農学校などで若き農学士である酒匂常明らに何を教え伝えたかが紹介される。第六章「船津伝次平と西洋農学」では、駒場農学校で外国人教師や若手の農学者から西洋農学について教えられて影響を受け、技術的な説明などに利用はしたが、それは単なる知識にとどまり、自らの経験を最も重視したという。第七章「船津伝次平と伝統農学」では、前章の西洋農学と対比的に論じられるが、中国農書や佐藤信淵らの近世農書についても、自説の補強や正当化のために利用することはあっても、あくまで彼の基本的態度は在地の優れた経験から学び、技術体系を豊富化することにあった。第八章「船津伝次平と漢籍」では、中国の『論語』や『中庸』などの漢籍を引用することがあったが、それは自説を権威づけるためのものであったとする。

最後に終章として、船津伝次平と林遠里を対比しながら、船津の農学史上の位置づけをまとめる。

横井時敬や沢野淳ら農学者たちが、船津の農事改良への貢献は高く評価しながら、日本の近代農学成立への貢献について全く言及していないのには、著者は疑問を呈している。

以上の各章の内容と構成を紹介してきたが、自ずと著者の主張が浮かび上がってくるであろう。「老農船津伝次平は伝統農法を体系化し、それを酒匂常明等の駒場農学校の学生に教え、手渡すということによって、近代農学の成立に貢献した。船津は伝統農学と近代農学の仲介という役割を果たしたのである」（一三四頁）。「船津は在来農法を体系化し、若き農学徒へそれを伝授することによって近代農学の成立に大きな貢献をした。彼らは船津から継承したものと西洋農学を融合させ日本型の近代農学を成立させたのである」（一九三頁）というのが、著者の結論である。

著者はおよそ二〇年かけて、これまで本格的に史料整理されてこなかった船津家文書を書簡や書籍まで含めて全体を整理した。評者は第一にこの点を高く評価したい。農業史研究において、未整理の古文書を整理して活用することを避け、既刊の県市町村史の史料集や活字本、統計書などを利用することが増えてきているなかで、著者の研究者としての誠実な態度に評者は大いに共感する。

次に、膨大な史料を活用しながら、これまでの不十分、曖昧であった船津研究を一つひとつ批判していく態度も好感がもてる。第一章における「率性」論における岡光夫の評価の検討、第二章での『稲作小言』の著者をめぐる須々田黎吉の奈良軍平説への批判、そしてこれまでの船津理解の定説となっていた斎藤之男の『日本農学史』（一九六八　大成出版社）における「難解な老農」という評価に対し、史料に拠りながら船津の全体像を明らかにしたのである。

本書の最大の貢献は、実にこの点にある。船津への従来の西洋農学受容者説に対し根本的に批判し、伝統農学と近代農学の仲介という役割であったことを実証した。

以下、二点コメントする。第一に、船津の西洋的自然観に関してである。第一章では、明治一九年に林遠里の農法を批判する頃から、林の前近代的・東洋的な自然観を葬り去らねばならないとして、西洋農学の影響を受け、太宰春台の「率性」を独自の読みをすることで、西洋的自然観の正当性を主張したとする。船津の自然観は、人間は自然に対して支配的地位にあり、自分たちに役に立つように自然を作りかえることができる科学万能主義の西洋的自然観であるという（二四、二五頁）。その形成には駒場農学校の西洋人教師や若き農学徒に強い影響があったと推測する（一八九頁）。この点では、関東の畑作地帯の体験（一八三九年で田が一・二反、畑が一〇・五反）は、畑作中心の西洋農学に親近感を抱かせた可能性があるかもしれない。

つまり、林遠里も船津伝次平も伝統農法を体系化した点では同じである。明治一九年に両者が論争するまでは、ともに東洋的自然観をもっていた。しかし、その後林は東洋的自然観に固執し、船津は西洋的自然観に移行したということになろうか。

しかし、第六章では、西洋農学は説明の道具に過ぎず、自らの経験に依拠したという点では、典型的な老農であったとする（一四九頁）。第三章の稲作論では、彼は西洋農学の全面的信奉者ではなく、自らの経験を最も重視して、それに反すれば西洋農学にも強く反対した（八一頁）。ただし船津が他の老農と違う点は、省力化や利益追求を認め、勤勉・節約などの通俗道徳的徳目を声高に説かなかった（一〇二頁）。それに対し論争相手であった林の遠里農法は、在来農法と比べても手間暇のかかる農法であった（二〇〇頁）。

評者には、ここのところが十分説得的ではないように思える。彼の伝統農法の経験主義と説明のための西洋的自然観は、果たして論理的に接合していたのであろうか。船津にとって「率性」論や近世農書、漢籍なども在来農法の体系化を説明するための道具でしかなかったのであり、西洋農学ですら道具であったとするならば、船津の西洋的自然観をそれほど過大評価することはできないのではなかろうか。さらに検討してほしい点である。

次に、横井時敬や酒匂常明らが作り上げた、在来農法を体系化した船津から継承したものと西洋農学を融合させた「日本型の近代農学」（一九三頁）とは、どのようなものなのか、説明が欲しいところである。たとえば、古島敏雄は一九五〇年代には伝統農学と近代農学の非連続性を説いていたが、一九六〇年代に入ると連続性を指摘し（この点については、本書一八二～一八四頁を参照）、仲介役としての船津の役割を示唆しているという（一四〇頁）。実に重要な論点である。本書は、この一九六〇年代の古島説を実証的に明らかにしたといえる。

とりわけ気にかかるのは「日本型」という表現である。当然ながら受容したのは「西洋農学」である。ただ日本列島で明治前期に「融合」しただけという意味なのか。それとも融合に日本独自のあり方があるのか。

中岡哲郎は『近代技術の日本的展開』（二〇一三　朝日新聞出版）の中で、「日本の文化的伝統のなかには、海の向こうから来る珍しいもの美しいものに好奇の目をみはり、次にそれを自分で作ろうとする姿勢が体質化されているのではないだろうか。そして、それが幕末期に西から来た『近代』の衝撃に、日本の『在来』が圧倒されるのではなく、アクティブに反応し、独自の発展を開始することを可能にさせたのではないか……その体質は、あきらかに日本の地理的条件に支えられて、古代から形成されてきたものだ」（同書五頁、本書五〇～五一頁）と、述べている。

評者はこの中岡の考え方に賛成であり、伝統農学と近代農学の融合も、日本列島の在地において在来と外来が接触する時の一つの事例として考えられるのではなかろうか。「日本型」というのを日本文化の特質として理解したいが、いかがなものであろうか。

本書は、故飯沼二郎先生に捧げられている。あとがきに書かれているように、先生の思い出と追慕の念を持ち続けておられたことに、同じ学窓で飯沼先生から教えを受けた評者は、うれしく思う。自由で学問の自立性が尊重されていた当時の京都大学人文科学研究所の飯沼研究室で学んだ日々、農学部の農史ゼミや院生研究室で著者と議論したことなどが懐かしく思い出される。

勤務地の島根大学・松江から群馬県の船津家まで、毎年三日間のみの史料整理を二〇年間にわたり継続されてきた著者の努力、それを支えてこられた弟さんはじめご家族の助力はいかばかりのものか。前著の『老農の富国論』（一九九一　農文協）から二〇年以上にわたり、倦むことなく地道な努力を続けてこられた著者に対し、改めて敬意を表する。

あとがきで、著者は故郷の茨城県古河市での父の思い出を語っている。昭和二〇年代から農事改良に励み続け、茨城の風土に合うように工夫を重ねていた「父は気難しい人間ではあったが、志を同じくする人にはとても親切であった。苦労して獲得した技術を彼らに分け与えた。当時、父のような農民は、どこの村にもいたはずである。栽培技術の改良や開発に熱心な人たちが。……江戸時代から明治時代にかけて、村々には技術開発や改良に努力する無名の農民が多くいた。彼らは、歴史に名を残すこともなく生涯を終えた。そうした技術を体系化して、普及に努力したのが、老農と呼ばれる人たちであった。船津伝次平は歴史に名を残した偉人であるが、無名の多くの農民の代表者である、というのが今の私の考えである」（二〇四頁）。

ここにこそ、本書の原点があり、著者の心情が吐露されているのではないか。熱い志を秘めながら、地道な実証研究に徹する本書を繙けば、転換期の日本農業を考えるうえで、必ずや何がしかの示唆を得ることができるであろう。転換期の今こそ、農業の歴史と農業を支えてきた無名の人々の想いに立ち返るべきである。強く一読をすすめたい。（二〇〇六年五月一三、一四日に「近畿農書を読む会」で富士見町を訪ね、船津伝次平の生家や史料を拝見し、お墓参りをすることができた。ありがたいことであった。）

（『農林業問題研究』第四九巻四号　二〇一四　所収）

4　近代農学への関心も持ち始めた明治中後期の新たな老農像を提示

●書評：大島佐知子『老農・中井太一郎と農民たちの近代』（二〇一三　思文閣出版）

本書は、中耕除草器・太一車の発明・普及で有名な鳥取県の老農である中井太一郎（一八三〇～一九一三）の生涯を、彼の農事改良活動の足跡を追うことで明らかにした労作である。著者は中井太一郎の曾孫にあたる。評者が主宰する関西農業史研究会に参加したのは一九九八年頃からであり、初めての発表は二〇〇二年一二月例会で、二〇〇三年五月の近畿農書を読む会では、著者のお世話で中井の故郷倉吉市を訪ねた。その後も何回か研究報告をされ、今回の出版にまでこぎつけられた。「太一じいさん」の足跡を追い始めた一九九三年頃から二〇年余り、中井が巡回しなかったと確認できた青森・秋田・沖縄の三県を除き、一一県が未確認だと述べている。つまり、三三都府県を踏査したのである（あとがき）。本書中の膨大な注記を見ればわかるように、太一じいさんの全国行脚のごとく全国の図書館などを回った執念の記録なのである。著者とご家族の中井太一郎への敬慕の賜物であり、ご先祖様のお導きとしかいいようがない。

本書の構成は、以下のとおりである。

第一章：前半生と地租改正反対運動。太一郎が農事改良をこころざした直接的契機、晩年にいたるまで全国的な活動を継続した原動力が何であったかを明らかにする。天保元年（一八三〇）に伯耆国久米郡小鴨村で大庄屋などを勤めた中井家の長男として生まれた。幕末に生家が疲弊し、父が亡くなって一八歳で家督を継ぎ経営を再建した。この経験が、「経営としてなりたつ農業をめざし、農業技術の改良も経営を度外視しておこなうことはなかった」（五頁）という彼の農事改良活動の特徴につながる。

そして、新発見の史料に基づき、明治八年（一八七五）から明治一三年まで地元の久米郡・八橋郡の地租改正反対運動で活躍したことを明らかにする。「太一郎が農事改良を志した出発点には、鳥取県における粘り強い地租改正反対運動があり、実地の農民とともに政府に対峙した体験を経たことがあると考えられ」（三四頁）るとして、彼の原動力を解明した。

明治一三年（一八八〇）の五〇歳に家督を息子の益蔵に譲り、公務からも自家経営からも離れて、以後農事改良の活動に専念していく。明治一五年から活動を始めたことが史料より確認でき、明治二三年から全国的な活動に従事する。

第二章：明治前期鳥取県における農事改良。林遠里の寒水浸や土囲いの農法が明治一二年より島根県立植物試験場（当時は鳥取県と合併）が試作され、明治一九年には林遠里自身が鳥取県下を巡回指導し、県農政は明治二四年まで勧農社員などにより奨励したが、実効なしとして転換したことを紹介する。

中井はこの体験から、明治二二年に『大日本農会報告』へ投稿し、農事改良を志しながらも断念せざるを得ない農民の実情とその原因として、①経済的な損益の度外視、②経費のかかり過ぎ、③「高尚な学理」「風土の異なる」地域のもの、「机上の空論」の強制、④中等以上の農民の中には「就業の労苦を厭ひ」、改良に取り組む気風に欠ける、⑤地力を無視した生産・改良による増収は地力を疲弊させるの五点をあげ、農民にとって容易かつ低費用でできる耕地の改良・土壌の肥料・種子の選択が重要であるとした（八八～八九頁）。これが、以後の中井の農事改良活動の基本姿勢となる。

第三章：太一郎の農業技術体系。明治二二年に『稲作改良実験草稿』を刊行して配布し、太一車と正条植のみではなく、短冊形苗代および簡易排水法など彼独自の技術体系をまとめた。その基底にある自然観・農業観がどのようなものかを紹介する。『草稿』の緒言（明治二〇年筆）には「我地方従来の仕法に、遺利ある」（一〇〇頁）として、地方伝来の農法を受け継ぎ、在地の農民の新たな工夫を付加し、彼自身の実地検証を経た結果をシステム技術としてまとめたものであることを宣言している。また農商務省や農学者からの情報もよく研究し、みずからの農法を検証していた（一〇七頁）。

第四章：太一郎の技術普及（1）―太一郎と正条植―、第五章：太一郎の技術普及（2）―短冊形苗代―。彼の活動には明治三〇年頃を境に変化があり、前半は選種法、正条植と太一車などについて、各地で活躍している「帝国農家一致結合」など私的な農事関連の団体などの招聘で普及活動を行った。後半は虫害予防と短冊形苗代、田区改正と排水法に重点を置いて、県庁・郡役所および各農会などの招きで巡回指導をした。明治二五年（一八九二）に太一車の特許を出願し、彼の主著である『招豊年』、『大日本簡易排水法』、『大日本稲作要法』を明治二八～三一年に出版した。

第六章：帝国農家一致結合と太一郎。これまで全く言及されてこなかった「帝国農家一致結合」（機関誌『農談』）を紹介する。明治後半期には同盟員数二万数千人を擁し、中井の全国巡回および技術普及を支えた団体であり、明治二三年から四一年まで『農談』に投稿し続けた。

終章：晩年の太一郎。日清・日露戦争に対する中井の視線として、戦争による領土拡張よりも農事改良によって国を富ますことを最優先すべきだと主張した（三〇九頁）。息子の益蔵による中井家の農業経営について、明治三三年（一九〇〇）から三年間の分析を紹介し、大地積経営（手作地主）と小地積経営（小作）の収支比較を行っている。大正二年（一九一三）に没するが、翌年地元の人々は中井翁の銅像を建設しようとする。新発見の趣意書には、「明治十年、地租改正ニ当リ農民ノ為メニ気ヲ吐キ、軽減セン事ヲ主張シ、タメニ獄ニ投セラル」と書かれている（三三五頁）。彼の農事改良活動の原動力は、地租改正反対運動にあったことの証左である。

最後に、太一郎の事績、帝国農家一致結合との関わり、各種雑誌への投稿、鳥取県・全国の農業関係の動きからなる中井太一郎関係年表がつけられており、有益である。

本書の貢献は第一に、倉吉市の中井家には史料が全くないなかで、中井の巡回活動の足跡を追って全国を調査し、各地の新発見も含め史料を寄せ集めながら、彼の全体像を明らかにした点である。これまでまとまった彼の評伝などは少なく、中井家史料がないために研究者によっても十分取り上げられてこなかった（斎藤之男『日本農学史』一九六八　大成出版社、傳田功『近代日本農政思想の研究』一九六九　未来社、など参照）。本書は、全国各地の史料にもとづいた初めての中井太一郎の評伝であり、今後の中井太一郎研究にとって必ず参照される文献となるであろう。

第二に、中村直三、林遠里、船津伝次平の明治の三老農のあとの明治中後期の老農の活動を具体的に紹介したことである。作業の軽減や農作業を楽にするという労働節約的視点や経営合理的視点が強く、農家との交流はもちろん、近代農学への関心もあるといった新たな老農像を提示したといえよう。

第三に、従来全くといっていいほど言及されてこなかった「帝国農家一致結合」という農事改良団体を発見し、その機関誌『農談』を紹介したことである。静岡県の報徳運動にかかわった中村和三郎（一八六四〜一九二九）を中心に創設されたものであるが、中井がなぜこの団体と関わりをもつようになったかなどは今後の検討課題である。

次に本書へのコメントを述べる。第一に、「太一車」・「田植定木」・正条植の普及過程に本書の重点は置かれているが、第四章第一節の成立過程をもっと検討すべきではなかったか。明治一〇、一二年に鳥取県ですでに「田打車」（四八〜四九頁）があり、明治一七、一八年に中井はこれを見てヒントを得（九一〜九二頁）、明治二〇年に「太一車」の開発へとつながる。さらに雑誌を通じて全国各地の農民たちとの情報交換によって、さらには地元の倉吉千刃を見て、明治二四年に改良された太一車が完成し（一三八頁の図）、翌年特許出願する。この成立過程はまさに「老農・中井太一郎と農民たち」との共同作業といえよう。堀尾尚志は改良点の農業工学的意味を解説しているが（『明治農書全集』第一一巻　一九八五　農文協）、こうした改良点がどのように農民たちとの情報交換で生まれたかを明らかにすることは、最も忌避された除草作業を著しく労働節約させた太一車の革命的意義、そして「農民たちの近代」を明らかにすることにつながるであろう。

第二に、彼の農民観について考えてみよう。明治一八年（一八八五）の「稲作改良趣旨」で、「徒ラニ旧慣ヲ墨守シ、改良ノ念慮ナキ同業者ノ感覚ヲ喚ヒ起シ……進取ノ気象ニ乏シカラサル同業者諸君ニ於テハ、改良ノ途ヲ計ルニ、奚ンソ躊躇ノ姑息アルベケンヤ、必スヤナキヲ信スルナリ」と述べており（一〇八頁）、著者は、「農民については、進取の気性をもっており改良の道のすすむことを躊躇しないと信じると言い切っている」と評価する（一〇九頁）。果して妥当だろうか。次はその後の中井の農民評価である。

明治三〇年に「夫れ農は易きに似て難く、安きにて危ふしとは古人の金言に外ずや、其道を究めす其技に長せず若し軽々に其慣行を改むるあらんか、蹉跌失敗を招かさるもの蓋し尠くなし、近傍農家、容易に其慣行を改めさるものは、農業たるの性質として然るなり」と述べたと、農学校の生徒が書いている（三一六頁）。中井は、農民気質を認めつつも、巡回指導の中でとりわけ後年になるほど、容易に変わらない状況に苛立ちを感じていなかっただろうか。著者の評価は、こうした変化を見逃し、農民への共感が一貫して変わらなかったという著者の太一じいさんへのノスタルジアに陥っていないだろうか。共感とともに反感とのせめぎ合いにあることを認めてこそ、中井の人物像に迫れるのではないか。

第三にこうした変化があるとすれば、普及の後半期におけるサーベル農政の短冊形共同苗代の強制との関わりに原因があるのではないかと推測する。第五章第四節での「農商務省諭達」による奨励・強制に対し、地域では様々反応があり、中井の対応はどのようなものであったろうか。明治四一年（一九〇七）雑誌に投稿し、短冊苗代を奨励しつつも強制がもたらす弊害を批判していると著者は評価しているが（二二三頁）、各県の巡回指導の史料からは中井の立場は鮮明に見えてこない。

本書のタイトルは、「老農・中井太一郎」「と」「農民たちの近代」である。著者は「と」で、両者は常に親和的・友好的に結び付くと考えているように思える。中井に時代的な変化があり、「帝国農家一致結合」の階級的性格はじめ「農民たち」にもさまざま社会経済的・イデオロギー的立場があろう。勝部眞人は広島県の郡・村レベルの共同苗代反対運動を分析しているし（『明治農政と技術革新』二〇〇二　吉川弘文館）、斎藤仁はサーベル農政の強権的普及政策と「自治村落」のかかわりを述べている（『農業問題の展開と自治村落』一九八九　日本経済評論社）。著者のいう地域ぐるみ・村ぐるみの「協働」の視点（七四頁　一一一頁）とどうかかわるか興味深い。本書によりこうした既存の研究との関わりが拓かれ、農業史・農学史研究がさらに深化することを期待する。

最後に、中井の最晩年の句を紹介して終わる（『帝国農家一致協会　会報』第二〇年第七号　明治四一年）。

玉苗に備わつて居る天地人　　植付て寝ても田に置く心哉
譽られて一層早き田植哉　　ハイカラの禮式受る田植哉
（『社会経済史学』第八一巻一号　二〇一五　所収）

5　愛着と共感に根ざした日本人の知恵

●「宮本常一講演選集」第二巻月報（二〇一三　農文協）

民衆運動としての在地農法の改良

私は二〇代、三〇代、奈良県の農業史研究に打ち込んでいた。幕末から明治前期にかけて有名な老農であった中村直三を中心にして、県下の老農たちを調べるようになった。御所市の老農野口小成の家を訪ねたところ、お家の方から、ずっと昔に宮本常一という先生が訪ねてこられたことがありましたよ、と言われてびっくりしたのを思いだす（徳永『日本農法史研究』第四章　一九九七　農文協）。彼は一九四四年に郡山中学校に勤めており、その際に県内を歩き回っていた（『宮本常一著作集』第一九巻「農業技術と経営の史的側面」三五四頁　一九七五　未来社）。野口小成のことも、一九四八年執筆の「大阪府農業技術経営小史」で紹介している（同八九頁）。

本巻所収の「現代の若者宿を求めて」（一九七六）には、文化を伝播させたものの好例として、中村直三の「イセニシキ」（伊勢錦）の品種交換や農談会の開催があげられている。中村は「伊勢錦」というビラを作って配布したし、全国各地の老農たちと種籾の交換をし、試作田で実験を繰り返し、農談会を主催した（詳しくは「日本農書全集」第六一巻を参照　一九九四　農文協）。民衆運動としての農事改良では、勧農社を作って抱持立犂による乾田馬耕を全国に普及させようとした福岡県の林遠里の活動が紹介されている（詳しくは「明治農書全集」第一巻を参照　一九八三　農文協）。

宮本は、幕末から明治にかけての農業の転換期においては、それぞれの土地に合った在地農法の改良が、こうした老農たちをはじめ民衆自身が協働してみんなで作り上げていったことを強調している。昭和三〇年代の高度経済成長期における農業の機械化・化学化・施設化においても試験場、普及所や農協の指導を受けながらも、現場に合った在地農法の改良は農民自身によって体系化されていったことは周知の事実である。現在の農業の転換期においても、こうした農民が主人公であるという視点は有効であろう。

揺れる農村の若者たち

この講演の後半では、宮本自身の昭和三〇、四〇年代の農業指導の経験が多く語られている。全国で三〇〇を超えるグループを作ったといい、若者たちがどう結束するかで農業が、村が変わることが強調されている。しかし、現場の若者たちは迷っていたであろう。

宮本は、『日本民衆史六・生業の歴史』（一九九三　未来社）の「序　現代の職業観」（一九六五年執筆）で、「今日、農業ほど若い者たちに嫌われている職業はないであろう」（一〇頁）、「昔は『農は百業の基』などといわれ、最も尊い職業だと言いつづけられてきた。それは一つのおだてであり、まやかしであった。しかし、百姓たちはその言葉にのって、今日まで一所懸命に働きつづけてきたのであるが、尊い職業に対して、政府も社会もほとんど報いることがなかった。そして、気がついたときには、世間からおいてけぼりを食いはじめていたのである。女たちの中には、そういう運命を本能的に知っていた者が多かった」（一三頁）と、述べる。

離農・脱農の方向と向農・続農（？）の方向のせめぎ合いの中で、農村の若者たちは揺れていたのである。幕末から明治の転換期においても、街場にあこがれ奢侈の風に染まる若者たちがいた。転換期の若者をとりまく状況は、同様だったのである。この両方向の動きを宮本は熟知していたからこそ、農村の若者たちをまとめ上げることができたのではなかろうか。転換期の今もまた、こうした複眼的な視点をもたなければ、根拠のない楽観論や悲観論に陥ってしまうであろう。

枠にとらわれない発想

私は二〇〇八年五月、宮本常一の故郷である周防大島を、「近畿農書を読む会」で訪ねた。彼の原点を感じてみたかった。宮本常一は『忘れられた日本人』で、「学者たちは階層分化をやかましくいう。それも事実であろう。しかし一方では平均運動もおこっている。全国をあるいてみての感想では地域的には階層分化と同じくらいの比重をしめていると思われるが、この方は問題にしようとする人がいない。実はこの事実の中に新しい芽があるのではないだろうか」（岩波文庫版二九九頁）と、財産平均化の運動、「ならし」が農村にあったことを指摘している。

「あるく・みる・きく」の立場から、学者たちの病巣をよく知っていたのである。一九七〇年代当時は、農民層分解論が花盛りの時期であったから、私にとってこの指摘は驚きであり、新鮮であった。

東北農村で農家との懇談会を続けていた守田志郎の『農業は農業である』（一九七一　農文協）や「まわし」論とともに（守田の著作群は、農文協の人間選書に収録されている）、私の研究の指針となっていた。私は奈良県の農業史研究で、農業や農村には「ならし」と「まわし」の原理があることを実証しようと努力した（『日本農法史研究』一九九七　農文協）。

この講演の冒頭は、自らの体験を紹介しながら「若者たちよ、就職するな！」の言葉で始まる。何故か。就職すれば、みんな枠の中で考えていくようになってしまうからだと言う。「枠にとらわれない発想」、時代に流されない発想、これこそが宮本の真骨頂ではなかろうか。転換期の今こそ、求められる視点である。

日本人の知恵――「愛着」と「共感」

それでは、枠にとらわれない発想の中で、私たちの日本文化の根底に流れ続けているものを、宮本は何と考えていたのだろうか。「百姓の世界と生活技術」（一九八〇）の講演では、石垣積みや屋根葺きの仕事などを紹介し、刃物に見る農民の世界を考察しながら、刃物を使う「硬質文化」に対し、刃物なしの民衆に根ざした「軟質文化」もあったことを指摘する。そして両者が合いまみえることで、仕事や生活道具に「愛着」が生まれていた。「日本人の知恵再考」（一九八〇）では、外来文化の移入に際しある「翻訳」を行いながら受容し、納得ずくの「共感」があったという。まさに在地農法の改良過程そのものである（本書七七頁）。

宮本は、『忘れられた日本人』の中で、「そこにある生活一つ一つは西洋からきた学問や思想の影響をうけず、また武家的な儒教道徳のにおいのすくない、さらにそれ以前の考え方によってたてられたもののようであった。この人たちの生活に秩序をあたえているものは、村の中の、また家の中の人と人との結びつきを大切にすることであり、目に見えぬ神を裏切らぬことであった」（岩波文庫版二八九頁）と、述べている。この三層構造の日本文化を通底している、日本人の知恵とは、目に見えぬ神を裏切らないことであり（「おかげさま」）、講演の中で指摘した「愛着」、「共感」（「おたがいさま」）と、宮本は考えていたのではなかろうか。

6　宇根豊の「百姓学」と守田志郎の「日本農学」

――その共通点と相違点

●書評：宇根豊『百姓学宣言』（二〇一一　農文協）

「百姓学」vs「日本農学」

本書は、既存の「日本農学」（者）に対する挑戦の書である。私自身も「日本農学」に身を置いているので、挑戦されているわけだが、どこまで切り返せるであろうか。これまで宇根さん（以下では敬称を略す）とは何回か親しく議論もさせていただいたが、お聞きするとこれまで本格的な書評は出ていないとのことであった。私なりに挑戦に応じてみることにしよう。「百姓学」とは、以下のような内容をもっている。

九つの原則　①百姓仕事が土台：いつもあり続け、繰り返される「農の伝統・感情・摂理・思想」を明らかにする。

②経験と感性が大切：科学を軽んじないが、科学ではつかめない人間が自然に包まれて生きていく安心と、自然に働きかけていく情念の大切さを自覚する。

③近代化に対抗：近代化を否定しないが、近代化してはならないものを守るための論理を提示す

る。

④人間中心主義からの脱却：百姓の仕事とくらしは、人間以外の生きものや、タマシイによって支えられており、先祖からの贈りものや、未来への送りものとしての農の姿を明らかにする。

⑤表現すること：論文である必要はなく、小説でも歌でも絵でもよく、田んぼ・畑、生きものでもあってよいが、「学」である以上表現して伝え、体系化を目指す。

⑥方法がないとすくい上げられない：その方法とは、i土台技術＝技術の主体の発見　ii百姓仕事＝非技術の発見　iii内からのまなざし＝百姓の世界認識の発見。

⑦学の終わり：百姓学は、近代化が終息し、生きとし生けるものの生がくりかえし安定すれば、使命を終えて、野に還り、眠りにつく。

⑧学者とは：百姓学の担い手は、学者である必要はなく、百姓はもちろん、農に関心を抱くすべての人に開かれている。学者とは、学を生み出し続ける者であろう。

⑨百姓学の根本：百姓学はむらや田畑や自然や歴史を内から見る。外側からの近代的な思想に対抗するために、内からのまなざしで世界をとらえる（三二六〜三二七頁、三四二〜三四五頁）。

では、否定される「日本農学」とは何だろうか。「明治時代以降の近代化をすすめるために、国家によって誕生させられた」（三四三頁）ものであり、「外からのまなざし」により「自然」「科学」「技術」「経営」などの近代化思想をむらに浸透させていった（五頁）。そして「日本農業」というナショナルな農業論を完成させていったというのである（二八〇頁）。私は「日本農学」に身を置いてきた者にとって、本書は刺激的で、反省させられることが多々あった。

宇根の実践活動の中から生まれた「百姓学」

次に宇根の「百姓学」がどのような経緯で生まれたかを、彼の実践活動との関わりでみていこう。彼の「百姓学」形成には、実践活動が大きな役割を占めているからである。

一九五〇年に長崎県島原市の養鶏農家に生まれた宇根は、一九七三年に九州大学農学部を卒業後、福岡県の農業改良普及員になる。そして一九七八年より「減農薬運動」を始め、「虫見板」を活用していく。宇根に大きな影響を与えた唐津市在住の農民作家である山下惣一さんと出会ったのもこの頃である。一九八四年に『減農薬稲作のすすめ』を自費出版し、それをもとにした『減農薬のイネつくり』（一九八七　農文協）、そして『減農薬のための田の虫図鑑』（一九八九　農文協）で、全国的に「減農薬」の宇根として名が知られるようになった。一九八九年に福岡近郊の糸島町に移住し、奥様の公代さんと二人三脚で百姓を始め「兼業」農家となる。

一九九六年に『田んぼの忘れもの』（葦書房）を出版する。この本において初めて、方法・iの「土台技術」「上部技術」（四三頁の図）が登場する。これには、やはり百姓になって今まで気付かなかったことを周りの百姓たちに教えてもらったりする経験が大きかったと思われる。土台技術として、風土、経験、間接的、準備、思い・意欲・姿勢・観察、試み、判断能力、学習、情感をあげている。

私はこの見方に賛成する。ここで私が思い浮かべるのは、栗原浩の汎技術と個別技術の考え方である（『風土と環境』一四八頁の図　一九八八　農文協。本書七四頁）。汎技術とは、「農家の手法の土台をなす」（同書一四六頁）ものであり、風土を仕組む基盤整備、作付順序・編成、作物選択、品種選択、作期の設定（様式）からなる。「日本農学」からこのような考え方が出ていたことを忘れたくない。「風土的認識においては、作物が風土を受け入れながら、その喜びや悲しさを微妙に〈かたち〉に表現しているととらえ、それを介して諸現象を見ていく。……前者（風土的認識）は自然がもっている全一体の調和を重視し、人間もその中に入った立場からの総体的認識であり、後者（環境的認識）は人間（自己）を中心に、自然を客観的なものとしてすえ、諸現象を分析的に探究しようとする」（同書一六～一七頁）。内からのまなざし、外からのまなざしを栗原は意識していたのである。

一九九九年に九州大学大学院に社会人入学し、翌二〇〇〇年には福岡県庁を退職し「専業」農家となって、「農と自然の研究所」を一〇年の期限付きで立ち上げる。この間の全国的な広がりをもった活動は、やがて桐谷圭治編『田んぼの生きもの全種リスト　改訂保存版』（二〇一〇　農と自然の研究所）として結実し、「害虫」約一五〇種、「益虫」約三〇〇種、「ただの虫」約一四〇〇種をはじめとして、五六六八種の生きものが紹介された。日本で最初の画期的な仕事であった。

そして、『百姓仕事』が自然をつくる』（二〇〇一　築地書館）によって、方法ⅱの「百姓仕事」が発見されるに至った。農と自然の研究所の一〇年の活動を通じて、赤トンボが田んぼから生まれていることに注目するなかで、「自然」はカネにならない「百姓仕事」がくり返し「生産」してきたことを再発見する。そして「『国民のための百姓学』（二〇〇五　家の光協会）、『農の扉の開け方』（二一

〇〇五　全国農業改良普及支援協会）で、「百姓学」なる「新しい農学」への模索が始まった。二〇〇四年に農学博士の学位を取得し、その内容は大幅に改訂されて、『天地有情の農学』（二〇〇七　コモンズ）として公刊された（以上は、佐藤弘『宇根豊聞き書き　農は天地有情』二〇〇八　西日本新聞社を参考にした）。

遂に「百姓学」にたどり着いた宇根は、さらに二〇一〇年に『風景は百姓仕事がつくる』（築地書館）、『農がそこに、いつも、あたりまえに存在しなければならない理由』（北星社）、『農と自然の復興』（創森社）と立て続けに公刊し、児童青年向けに『農は過去と未来をつなぐ』（二〇一〇　岩波ジュニア新書）、ラジオで講座『田んぼの生きものと農業の心』（二〇一一　NHK出版）を行い、広く世間に向けて「百姓学」をアピールしていった。本書『百姓学宣言』は、宇根の実践活動から生まれた農の思想の総括といえよう。方法iiiの「内からのまなざし」という言葉は、『農と自然の復興』で使われ始めるが（二三二頁）、本格的に展開されるのは本書『百姓学宣言』からである。

さてここでまた私が思い出すのは、東京教育大学で「総合農学」を掲げた菱沼達也の『私の農学概論』（一九七三　農文協）である。「おばあさん、シロカキは何のためにするのですか」、「おまえ、シロカキをしなけりゃ、指がいたくて田植できねえじゃないか……」（同書二〇頁）。第一章「農民不在ということ」1私が苦しんだ研究の盲点、2農民に教えられた実験の方法、第2章「農民の実践に学ぶ」4農民のものの考え方、5農業を考える者のものの考え方、6ここが指導者の盲点ではないか——生活の知恵発掘の怠慢、第三章「農学の歴史をふりかえる」6農学研究のための提言。大学院生時代に読んだのを改めて読み直してみると、宇根の主張を重なるところが多いのに驚く。「日本農学」にも誠実に百姓と向き合い、在所に入り込んだ農学者がいたのである。

歩みを止めない宇根は、さらに次なる挑戦として「新しい農本主義」を掲げ始め、『農本主義が未来を耕す』（二〇一四　現代書館）、『農本主義へのいざない』（二〇一四　創森社）、『愛国心と愛郷心』（二〇一五　農文協）、さらに『農本主義のすすめ』（ちくま新書　二〇一六）を出版している。従来の農本主義とどのように違うのか、今後検討していきたい。

守田志郎への共感と相違

本書において厳しく指弾される農学者たちの中で、唯一評価されているのが守田志郎（一九二四～七七）である。第一章「技術ではなく仕事が大切」のなかで、『農業にとって技術とはなにか』（一九七六　東洋経済新報社、一九九四　農文協）を引用しながら、「農学者では、唯一守田志郎だけがこの技術の災禍に気づいていたのかもしれない」（五一頁）と述べる。「農法は、土とのとり組みの暮しにおける人のあり方の理念でもある。人の欲望を土に向けて放ち、そこに超ええない則を体験的にさとることによって人の存在の永劫を得ようとするのであろう」（農文協版二四九頁）「『農業にとって技術とは』という設題に向けて、農法に概念としての『技術』は無いというすれちがいの答を用意することだけはできる」（同二五〇頁）。

第四章「経済で生きているのではない」において、「戦後の日本の農学者の中で、経済に負けなかった農学者はほとんど見あたらない。私が知っている限りでは、守田志郎がいる」（二〇七頁）として、『小農はなぜ強いか』（一九七五　農文協。二〇〇二年、人間選書に収録）を要約している。『先生、将来本当に確かな作物はなんでしょうか』私は答える。『それでは同じことなのではないでしょうか』成長作物を追うということは、その農家の生活の貨幣への依存度を高める、ということではなかろうか」（人間選書版四二頁）、「農業はだまくらかして買いとったり、かすめ取ったりという、いいかげんなものではないのである。農家が農業の生活を続けるかぎり、小農として持っている人間の値打ちは失われないのだ」（同書三四頁）。

私はご縁があって、この守田の二冊の本の解説（一九九四、二〇〇二）を書かせていただき、守田の仕事をふりかえる機会があった。実は守田の名前は上がっていないが、他にも宇根の重要な主張と共振する考え方が守田によって表明されているのである。宇根は、「私たちは、科学的に考え、客観的にとらえようとするときには、むしろつかむことができないものがあることに気づくべきだろう。客観と主観を分けて考えることをやめて、身を任せて、まるごと感じてとらえる力を取り戻せば、生きものから立ち込めてくる情感に身を浸すことができるのである」（二六九頁）と、「主客未分の世界」（『天地有情の農学』二七三頁）を述べている。

守田に次のような苦悩の言葉がある。「どのお宅におじゃましても調査といった調子の質問はしたくない。……なにかの知識を得ようと思って農家におじゃまするということは、何年も前から私はやめにしてしまった。……ただ、そのときどき、私の心の中に滲み込んでくるように感じるものがあったり、痛いと感じたりするとき、それをまぎらわさないように大事にしたいと思い、耐えつづけたいと思うのである」(『村の生活誌』一九七五　中公新書　『むらの生活誌』一二六頁　一九九四　農文協)。そして守田は『小農はなぜ強いか』で、「主観的とか客観的とかいうことをぎりぎりにつめていくと、その両方がいつしか重なってくるものです。……部落を考えるときのたいせつな点も、つめていえばこの主観と客観の重なりあいにある」(同書人間選書版一六一頁)とまとめている。

これは、まさに宇根が言う「日本農学」がとらえられなかったという「百姓の情愛、情感、情念」によって田畑やむらは続いてきたということを、守田は直観的につかんでいた証左ではなかろうか。そして、外からのまなざしを越えて内からのまなざしと合一して、「身を任せて、まるごと感じてとらえる力」を獲得していたのではなかろうか。「日本農学」の側にもそのような見方があったことは確認しておきたい。たとえ守田だけだったとしても。

ただし、二点大きな違いがある。一つは、宇根は近代化以前と近代化以後に大きな変化を求めて、百姓やむらは近代化され国民国家に統合、従属されていくとする。「近代」で大きく二分されると考えているのである。守田はどうであろうか。「日本民族のなかに根底に農業をいやしむ感覚があるのではないか」「勉強のできるやつは、農外にだそう。そういう感覚が骨のずい、真底あるみたいである」「小農というものの社会的地位を最低のところに位置づける。あらゆる体制のなかで、農民というものをそういうふうな敷き石としてしまうような習慣がつくり上げられた」(『農家と語る農業論』一〇八頁、一一〇頁　一九七四　農文協)というように、支配者・国家への農民たちの従属が歴史貫通的であるとする。

もう一つ、守田志郎は、タマシイとか宗教については著作を見る限りは一切語らなかった。宇根は積極的に語る。「タマシイの交流」(八二頁)、「カミやタマシイが宿っていた」(九五頁)、「生きとし生けるもの、すべてに命があり、タマシイがある」(一六三頁)「すべてに命とタマシイと仏性までがある」(一八六頁)、「タマシイによって支えられている」(三四三頁)。具体的にはこれ以上展開していないが、百姓の内からのまなざしは、カミやタマシイへ辿り着くのであろう。ここに宇根の大きな特徴があり、私も大いに共感する。

私は守田志郎の「日本農学」に多くのものを学んできて、その視点から宇根の「百姓学」を読んでしまっているが、これらの共通点と相違点がなぜ、どのようにして生じたのか、「日本農学」の立場から今後とも考えていきたいと思う。

「百姓学」へのコメント

私は本書より多くのことを学んだが、「百姓学」の発展のために「日本農学」の視点から、以下いくつかコメントをしておきたい。

まず第一に、本書全体にわたることだが、二分的な発想、割り切りがあまりにも強いのではないかということである。メインテーマである「日本農学」vs「百姓学」はもとより、「近代化」vs「非・反・脱近代化」、「国民国家」vs「在所」、「近代化技術」vs「百姓仕事」、「外からのまなざし」ｖｓ「内からのまなざし」などなど。

もちろん、議論を鮮明にするために強調していることはわかるが、両者が反発しながらも交ざり合ったり、葛藤したり、揺れ動いたり、一方から他方への芽が生まれたりしたことはなかったのだろうか。「自然とつきあい、折り合う精神」（七七頁）、「草と折り合う精神」（一〇一頁）は、「近代化」や「国民国家」との関係では、活かされないものなのだろうか。農業改良普及や百姓仕事、農と自然の研究所の活動の困難さは理解できるが、私は決して「反発と対抗」（三二五頁）だけではなかったのではないかと思う。一刀両断に切り捨て、先ほど紹介した栗原浩や菱沼達也のような、そして良心的な数多くの農学研究がたとえ主流ではなかったにせよ、流れ続けていたことを無視しては、「百姓学」を豊饒なものにすることはできないであろう。

宇根は「在所の世界」を高く評価しているが、私は奈良県の農業史や江戸農書の研究から次のように考える。本書七七頁の図2の在地農法の改良過程で示したように、「在所」＝「在地」の世界は、ある期間がたてば袋小路に陥り停滞するが、「日本農学」も含め「外来」の技術や情報によって刺激を受けて活性化する。すると「在地」は「在来」として伝統的、歴史的なものとして意識化しはじめ、「外来」を取捨選択しながら融合させて、新たな「在地」世界を作り変えてきたのではなかろうか。その取捨選択、融合こそが「折り合う精神」なのではなかろうか。まさにそこにこそ、「在所」＝「在地」の世界が「くり返しくり返し安定してめぐる」（一〇〇頁）秘密があるのではないだろうか（以上は徳永『日本農法史研究』一九九七　同『日本農法の天道』二〇〇〇　いずれも農文協）。

次に「自然」について考えてみる。宇根は、名詞としてのNatuerの意味で「自然」が使われるようになったのは、明治中期からであり、百姓がそれを実際によく使うようになったのは昭和四〇年頃からである。近代化が浸透し、人間は自然の外に立って自然を対象化することで、近代化技術を受容するようになっていく。それまでは「天地」であり、「自然（ジネン）」は「自（みずか）らが自（おの）ずから然（な）るように生きたい」（九二頁）という意味で使われていたという。「然（な）る」という読み方は、はたして文献から確証できるのであろうか。

ここで私が研究している江戸農書の例を紹介する。東海地域の四つの農書で使われている「自然」の用法を検討してみると、幕末の『農稼録』（一八五九）では、「夫穀物ハ大凡時を量りて蒔殖すれば、少しといへども自然《おのづから》にも実のるべき物なれバ、農民ども等閑に心得るものおほし」（『日本農書全集』第二三巻九頁　農文協）、「年々同じ所に作れバ、自然《しぜん》と種も残る」（同第二三巻一八頁）と、『百姓伝記』（一六八一〜三）、『農業家訓記』（一七三一）、『農業時の栞』（一七八五）の三つの農書と同じ考え方もある。農家は、作物が「おのづから」「自然に」実るものと考えていたのである。ただし『農稼録』には重大な変化がある。「天地自然の恵み」（同二三巻六一〜六二頁）の「自然」は、今までの「おのづから」という副詞的用法とは違い、名詞のNatureの意味で使われていると思われる。こうした見方は、著者・長尾重喬が読んでいた田村吉茂の『農業自得』（一八四一）にも見られる。「草木ハ自然に生立つものゆへ」（同第二一巻七頁）という副詞的表現もあるが、「自然の理」（同第二一巻七、二三頁）、「天地自然の理」（同第二一巻一〇二頁）。これがどこまで一般的な農民の見方であったかもわからないが、幕末において、自然の対象化がすすんで、新たに名詞としての自然観が日本列島で自生しはじめていたのである。

さらに全く別のレベルでの自然観が江戸時代に東北地方で生まれていたことも紹介しておきたい。安藤昌益は、「自然」を「自（ひとり）然（する）」（『安藤昌益全集』第一巻六四頁　一九八二　農文協）と動詞的に読んだのである。人間も含む名詞としての自然世界は、まさに運動していることが本質的な在り方なのである。それを日本人は「自ずから」と副詞的に認識してきたのである（寺尾五郎『「自然」概念の形成史』二二〇～二二六頁　二〇〇二　農文協、東條榮喜『互性循環思想像の成立』二〇一一　御茶の水書房、同『安藤昌益の自然思想』二〇〇六　安藤昌益と千住宿の関係を調べる会）。

第三に、「カミ」「タマシイ」についてである。先ほど紹介したように、守田と異なる点として指摘したが、どうもはっきりしない。宮本常一は、三層構造の日本文化を通底している日本人の知恵とは、目に見えぬ神を裏切らないことであると考えていた（本書二三二頁）。まさにこれこそが日本人の伝統的な観念であり、カミ、タマシイなのであろう（岩田慶治『カミの誕生』一九七〇　淡交社　石田一良『カミと日本文化』一九八三　ぺりかん社）。本書では、「百姓の情念、情感、情愛」が強調されているが、カミ・タマシイとの関わりがどのようなものなのか、書かれていない。

『天地有情の農学』では次のような整理がある。新しい学のイメージとして、客観（理性）としての領域①従来の農学（科学）、主観（感性）としての領域　③情念の世界、そして両者の境界域としての②をあげている。そしてこれら①②③の土台にあって主観・客観を超えた主客未分の世界④を示している（同書二四七頁）。そして①への反発から、「情念の学を」（同書二九三頁）と③、そして大森荘蔵を引用しながら④を強調している。そして、「カミ（神）を動員する」「ただの虫にも命があり、タマシイがあり、カミが宿ることを証明すればいいいだろう。『それは宗教的な問題ではないか。万人に当てはまらない』と言われそうだし、神は学の領域外だとあしらわれるかもしれない。しかし、自然に働きかける百姓仕事には、人智でとらえきれない世界が充満している。それをカミやタマシイと表現してきた知恵はたいしたものだと思う」（同書一五四頁）と言う。「人智でとらえきれない」カミ、タマシイの世界は、いったいどこに位置し、どのような世界なのであろうか。それとも①②③④の現象世界の背後にあって、①②③④を産出する⑤非現象世界を仮に名付けたものなのであろうか。井筒俊彦『意識の形而上学』（一九九三　中央公論新社）の四九頁の図によれば、「全一的真如」は、分節化された現象・形而下（①②③④）と無分節の非現象・形而上（⑤）からなるとしている。この点が整理されないで曖昧なまま書かれているように思える。

さらには「『天地有情の農学』と『百姓学』との関係」（同書三〇一〜二頁）は、どのようなものなのか、はっきりしない。本書には「天地有情の農学」は登場しないが、宇根は「新しい農学」として「百姓学」のみを考えているのか。

第四に、「百姓学」は日本に固有なものなのか、それとも世界に共通なものなのか、この点も曖昧である。「日本人の情念、自然のとらえ方」（一六三頁）、「日本的な生物多様性はあるのか」（一七一頁）、「日本的で百姓的」（一七二頁）というように、「日本」を意識はしている。「天地有情」などは、まさに日本的なアニミズム世界の典型であろう。一方で「日本と西洋と離れていても、百姓という仕事の共通性に胸が熱くなる」（三三頁）、「近代的な価値観の染まる前の人間の原初の情愛（八一頁）、「生きものとの『交流』を通じて、生の充実を感じる人間の本性」（三〇七頁）と言うが、共通性、人間の原初の情愛、人間の本性とはいったいどのようなものと考えているのであろうか。

私は宇根が言う「百姓学」は、日本的なものであると読んでいる。批判されているのは「日本近代で展開された科学的農学」なのであり、これから「創学」すべきは、「百姓学」を包み込んだ「天地有情の日本農学」なのではないだろうか。宇根自身「しかし、対抗ばかりでは、疲れる。……両者が出会う場をつくれば……」（三四七頁）と述べている。このスタンスこそが、真に「新しい農学」＝「天地有情の日本農学」の「創学」へとつながるのではないか。

民俗学・文化人類学の菅豊は、「百姓学」に対して高い評価と期待を寄せている（『「新しい野の学問」の時代へ』二〇八〜九頁　岩波書店　二〇一三）。私自身はこの挑戦的な本書に対し、一つの書評も出さずムシしている「日本農学」に少々幻滅している。本書は「日本農学」にとって、「害虫」なのか「益虫」なのか、それとも「ただの虫」なのか？（宇根とは地元福岡で何回もお会いして議論し、二〇一五年二月には関西農業史研究会で本書評へのリプライをしていただいた。）

（山崎農業研究所『耕』第一三三号　二〇一四　所収）

7　日本文化・日本語に基づく「いのち学」

●解説：渡邉勝之編著『医学・医療原論——いのち学・セルフケア——』（二〇一六　錦房）

私の敬愛する兄が二〇一五年八月に六四歳で亡くなった。二〇〇二年に腎ガンが発見され、以後肺、内臓、そして脊髄などに転移し、抗ガン剤治療を続けて、二〇一〇年には大きな手術を行った。二〇〇二年の発病後あと数年と言われながらも、懸命に生き続けた。元気な時には、山歩きや海でのシーカヤック・シュノーケリングなどで自然と交わり、体力的にそれがきつくなると、博物館や遺跡巡りに大好きな車で出かけ、生きがいとなるものを自ら作り出していた。

兄は工業エンジニアであり、現代の西洋医学に絶対の信頼を寄せ、最先端の治療を受ける努力を続けた。治療・服薬などの闘病記録を克明に残し、同病の人に役立つことを願っていた。時折見舞うと、自ずと医学や宗教の話になっていった。私は多分に宗教的であったので、しばしばぶつかったが、そういう話をする兄は、楽しそうで二時間も三時間も話し続けるのであった。

すべての先端治療が終わり、ターミナルケアに入った病院でも、食べておきたいものはこれとあれとか言って食べた。残される家族のために生きようとする強い意志を持ち続け、死と真正面に向き合い続けて一三年がたっていた。死の二〇日前に見舞った時、それまでと全く違う兄に出会い、驚いた。闘病記録には、その時から死ぬまでの気持ちの変化を書き留めていたので、遺族の方のご了解を得て、ここに記す（一部改変）。

私は「生まれ変わった」、「自然の存在をすべて知るには、人間の五感だけでは足りない」、「物質の諸性質は、人間の五感では捉えきれない」、「物質には人間の感性・悟性にいまだ反映されない諸性質があるかもしれない」、「人間の感覚すべてをなくしてもまだ、ザワザワと人間に響く反映すべき何かがある」、「人間がもともと捉えられないものもあるし、かつては捉えられたが、人間が進化の過程で失ってしまったものもある」。

これこそが、兄の遺稿を収録してくださった本書の著者・渡邉さんの言う「いのちの体認自証」ではなかろうか。死の直前ではあったが、兄は一生活者として「いのち」の主人公となったのである。

本書のキーワードを私の関心に沿って紹介しておく。

「いのち」とは、一なるもの（地）であり、多（図）として分かれてハタラク実在である。一なるものが《地のいのち：全一場》、多として分かれたものが《図のいのち：生命・生活・人生》である。これらの《地と図》を通貫するハタラキが《全一気》である。

《地のいのち》は、言語以前の領域であり、知性（論理）や悟性（数理）で捉えることは困難であるが、生かされて活きている存在者であることは、一人ひとりが人生において、自感し、自覚し、自証することにより、誰もが実感することが可能である。しかし、人類の進化の過程でほとんどの人間には失われていったのである。

一人ひとりが再びいのちの体認自証により、「いのちの主人公、からだの責任者」となっていけるようにすることが、これからの医療の基本となる。

渡邉さんとのお付き合いは古い。京都府日吉町のコスモスファームで、「安藤昌益全集」（農文協）を渡部忠世京大名誉教授らと読み始めたのは、一九九三年の四月であり、渡邊さんとの初めての出会いであった。この「昌益を読む会」はほぼ毎月一回、二〇〇〇年四月まで続いた。渡邉さんと読書会などをし始めたのは、一九九六年一二月からで断続的に続いた。

そして鹿児島へ『潜象界からの診療』（一九九八　高城書房　その後第四版として『始原東洋医学』二〇〇八）の著者・有川貞清先生の病院を一緒に訪ねたのは、一九九九年一一月のことであった。渡邉さんの論文の抜き刷りを、こんなのを書いているから鍼灸学はダメなんだと、有川先生が放り投げられたのを今も鮮明に覚えている。しかしその後、渡邉さんは鹿児島へ通いつめ、有川先生にくらいついていった。二〇〇三年に明治鍼灸大学で人体科学会があり、有川グループを招いている。二〇一〇年の一月に医学・看護学・心理学・哲学などの研究者や実践者とともに、「プロジェクトいのち」を立ち上げ、今も続いている。渡邉さんはじめ志ある方々と多彩な分野をともに学べることは、ありがたいことである。渡邉さんはさらに発展的に「いのちの医療哲学研究会」を二〇一四年から始めて、棚次正和京都府立医大名誉教授らと澤瀉久敬などの著作を読まれている。私は参加していない。その研究成果は、二〇一六年一二月に棚次先生をリーダーとして、人体科学会で「医学・医療を哲学する——いのちの根源を見据えて——」のテーマで発表された。

お会いして以来二〇年、それ以前を含めればおそらく三〇年以上、渡邉さんは一筋に「いのち学」の研鑽を積まれてきた。前著『医療原論』（医歯薬出版）をまとめたのが二〇一一年。さらに五年の体認自証を経て、今回の出版となった。ともに学びあってきた学友として、心からお慶びしたい。

本書は、前著と比べて格段に読みやすくなっている。それは、全体の叙述が「全一学」として統合されていること、自分の体験的プロセスを不十分さや失敗も含め正直に書いていること、spiritualを日本語の《いのち》とし、「地のいのち」と「図のいのち」の比喩があること、キーワード解説や図の多用、コラムの工夫などによろう。

しかし、それでも難しいことに変わりはない。いのちの体認自証したことを誰にでもわかるように表現することは、不立文字・言葉である故、困難を極める。渡邉さんは、生活用語としての日本語の重要性を指摘しているが、やはり概念的な指向が強いからであろうか、本書でも新しい造語や独特の意味をもたせた用語が頻出する。

私は四〇年間農業史の研究をやってきて、日本農法の原理として「まわし（循環）」・「ならし（平準）」・「合わせ（和合）」の三つがあることを指摘した。そして、〈天然農法→人工農法→天工農法〉という日本農法の歴史と展望を描いた（本書第Ⅰ部第五章）。三〇年間大学教員をしてきて、農家が作物や家畜の「いのち」を育てると同様に、「いのち」ある若い青年たちの未発の可能性を開発するためには、「そっと手を添え、じっと待つ」教育が重要であることに気付いた。私は日常生活で使う日本語の概念装置で、研究や教育を作り上げようと努力してきた。まだこれだけかと内心忸怩たるものがあるが、今後とも私なりに「(日本）農学原論」「二一世紀日本の青年教育」への道を歩んでいきたい。今回の渡邉さんのお仕事には、大いに励まされたし、焦りも感じている。

私がいつも肝に銘じ、朝晩のお祈りの際に唱える言葉に、「おかげさま」「おたがいさま」の二語がある。故郷の松山で二〇一三年に八九歳で亡くなった老母に、幼い時から言い聞かされた言葉である。「おかげさま」は、感謝して祈る気持ちであり、渡邉さんのいう「地のいのち」の受容ではないのか。「おたがいさま」とは、生活世界でつながっていく気持ちであり、「図のいのち」のつながりではないのか。日本文化、日本語で生活する私たちは、「いのちの体認自証」を日常生活の中で気がつかないうちに繰り返していたのではないだろうか。

昭和戦前から戦後の農山漁村を歩いた民俗学者の宮本常一は、『忘れられた日本人』の中で、日本列島には欧米の文化、儒教文化、それ以前の文化と、三層の文化があったという（本書二三二頁)。「目に見えぬ神を裏切らない」とは、「おかげさま」の祈りである。「村の中の、また家の中の人と人との結びつきを大切にする」とは、「おたがいさま」と労り合う世界である。こうした生活世界が日本列島には、ごく最近まで確かに存続、伏流していたのである。最初に紹介した兄がいのちの体認自証できたのも、こうした世界が基層にあったからであり、それが突然表出しただけのことであろう。

決して特異なことではなく、日本列島で生活するすべての人々に可能性として開かれているのである。

ここで一つ考えてみたいのは、渡邉さんの言う「いのち」を日本人はどのように感じ、表現してきたのかという点である。たとえば私の研究してきた江戸時代の農書において、「いのち」という表現はほとんど見られない。「稲（いね）は命のね」（『会津歌農書』一七〇四年、「日本農書全集」第二〇巻一二頁）、「稲はいのちの根、米（よね）は世の根といふの略語なり」（『農業余話』一八二八年、第七巻七二頁）などとたまにあるが、「生命」の意味であり、渡邉さんの言う「いのち」とは異なる。おそらく「いのち」を体認自証していたとしても言わずもがなで、それを「いのち」という日本語でわざわざ表現する必要がなかったか、江戸時代にはそれが日常的にはできなくなっていたのか。

渡邉さんは、先ほどから私が紹介している「『おかげさま』や『ありがとう』の日常よく使用される言葉は、特定の対象的な誰かに向けて使われるだけではない」（同書三八頁）と述べている。特定ではなく「不特定」、「向かう」ではなく「受ける」を考えてみよう。私たちは、特定の神や仏ではなく、不特定な何ものかに向けて、祈ったり感謝したりする場合も多いのではなかろうか。しかし、その不特定の何ものかが何かは、とくに名付けて自覚していない。そして不特定な何ものかによって生かされて活きているると、何ものかのハタラキを受容・感受した時、私たちは「おかげさま」、「ありがたや」の言葉がついて出る。このように、不特定な何ものかと「私」は結ばれているのである。渡邉さんの表現で言えば、《いのち》が〈私〉を表現しているのである。「お・かげ」、「み・かげ」の「かげ」。これを日本人は〈カミ〉と名付けてきたのではないか（本書八四～八五、一四四頁）。この「かげ」は、渡邉氏の言う「いのち」と、どういう関係にあるのか。全一気のハタラキにより創発された「光」と、「かげ」はどのような関係にあるのだろうか、今後私なりに考えてみたい。本書の現代的・画期的意義は、不特定な何ものかを、日本語の「いのち」と名付けて、再び「いのち」の体認自証へと導き、「全一学」により「医学・医療原論」を展開した点にある。

私が勤めている大阪経済大学の初代学長・黒正巖博士は、百姓一揆研究の開拓者であったが、「道理は天地を貫く」と述べた。「道理」を「いのち」と、「天地」を「図・地」と読み替えれば、まさに本書の主張と重なる。元学長である鈴木亨先生は、西田哲学の後継者であるが、「存在者逆接空・空包摂存在者」（＝地のいのち、おかげさま）と述べ、「響存的世界」（＝図のいのち、おたがいさま）を主張した（『鈴木亨著作集』全五巻　一九九六～七　三一書房）。

私もまた「おかげさま」「おたがいさま」を唱えることで、黒正博士、鈴木先生の学統を受け継いでいきたいと願う。ただし、私自身はいのちの体認自証ができているなどとは思っておらず、ただひたすら、「おかげさま」「おたがいさま」を唱えて祈っているだけである。

こうして渡邉さんのご労作に対し、解説を寄せることができるのは、私にとって望外の喜びである。同書をお読みいただき、生活者として「いのちの体認自証」への近づき、羅針盤としていただくことを願ってやまない。

第二章　京都の農史研究

1　黒正巌をめぐって

「黒正巌著作集」全七巻の刊行

「五十四は四捨五入して五十也　知命の春を出直さんかな」

明治二八年（一八九五）生まれの黒正巌は、親しい知友に、この歌に託して戦後の再出発の決意を伝えていた。しかし、昭和二四年九月に五四歳の若さで急逝した。その無念、如何ばかりか。

黒正は、岡山で神官の子として生まれた。幼少の頃から歴史への関心が深く、古文・漢文の手ほどきを受けて育った。第六高等学校を経て京都帝国大学経済学部にすすみ、本庄栄治郎の薫陶を受けた。早くも学生時代に最初の論文「岡山藩の開墾政策」を書くが、これは故郷岡山への愛着から発したものであった。

大学院を退学後、大正一一年四月より経済学部講師となり、九月から一四年四月まで文部省の在外研究員として、農史研究のため欧米に留学した。そこで勃興する欧米の社会経済史学の受容に努めたのである。留学中の大正一二年に、最初の著書『経済史論考』を刊行する。

大正一四年六月より農学部農史講座助教授となり、翌年五月に教授に就任した。昭和三年（一九二八）に『百姓一揆の研究』を世に問い、黒正の名を広く学界に知らしめることとなった。その後の研究は、死後に恩師の本庄らが中心となり『百姓一揆の研究　続編』（一九五九）としてまとめられた。他に代表作としては『日本経済史』（一九四〇）、『経済地理学原論』（一九四一）などがある。

しかし、これまで黒正巌の学問の全体像について、語られることは少なかった。大阪経済大学日本経済史研究所では、二〇〇二年に大阪経済大学創立七〇周年・日本経済史研究所開所七〇周年を記念して、『黒正巌著作集』全七巻を発刊した（思文閣出版）。全七巻の概要を簡単に説明する。

黒正といえば百姓一揆と言われるほどであり、「百姓一揆の研究」（第一巻　解題・山田達夫）、「百姓一揆論」（第二巻　解題・藪田貫）によって「一揆博士」の全貌を知ることが出来る。戦後盛んとなった百姓一揆研究の礎は、黒正によって築かれたといっても過言ではない。今回はじめて一書にまとめられた「岡山藩の研究」（第三巻　解題・倉地克直）は、生まれ故郷岡山への愛情がにじみ出ており、地域史研究の先駆け的なものとして評価されよう。

一九三〇年代の世界的な社会経済史学の興隆の中で、日本における社会経済史学の誕生に果した黒正の功績は量り知れない。マックス・ウェーバーを紹介して『社会経済史原論』の訳書を刊行し（一九二七）、当時流行のマルクス主義経済史学と一線を画しつつ「社会経済史の研究」（第四巻　解題・土肥恒之）をすすめた。さらに特筆すべきは、時間的推移だけではなく、地理的空間の重要性を認めて「経済地理学の研究」（第五巻　解題・竹岡敬温）を開拓していった点である。戦後の社会経済史学の理論的展開を予見していたかのようである。「経済史は経済現象の時間的垂直的発展的研究をなし、経済地理学はその空間的平面的分布的研究をなすものと称せられる。……静止せる経済史は経済地理であり、流動する経済地理学は経済史である」（第五巻五四頁）と述べている。

つまり、黒正史学の特徴は、日本経済史に関する手堅い史料実証主義と欧米の社会経済史学の方法との融和にあったといえよう。しかし、当時のマルクス主義経済史学との論戦の中で、欧米的方法の日本経済史への安直な適用を戒めていた。「日本的個性」とは何かを模索していた。十分に展開できたとは言えなかったが、本格的な「日本経済史」（第六巻解題・大島真理夫）の通史的叙述を試みていた。黒正史学の魅力は、日本の歴史的現実に根差しながら、先見性と革新性を発揮したところにあろう。

黒正は「農史の研究」（第七巻　解題・徳永光俊）によって新たな学問分野を開拓しようとしていた。黒正は自身の農史学について、「この講座は訳のわからぬ講座」（第七巻七頁　一九四七）と述懐し、「地理学、歴史学位雑炊的な学問はなく」、「地政学はさらに地理、歴史の複合物であって、しかもそれに対して自然科学一般が入っているのでありまして学問としては実に曖昧模糊たるものでありますが」（第七巻五九頁　一九四四）と述べて、自分の開拓してきた学際的学問の難しさを嘆いている。

それに対し、経済学など「ごく最近の新しい学問は極めて簡単明瞭であります。それは、夾雑物がないからであります。分科して出たものだからはっきりしている」（第七巻五九頁）と断言している。

もう一つ黒正史学の特徴として強調しておきたいのは、史料探訪調査での地方史研究者との協力や、私財を投じての日本経済史研究所の設立（一九三三）に見られるように、狭い官学アカデミズムに捉われず、立場をこえて広く研究者の組織化、養成をはかった点である。この特徴は、経済史研究だけでなく教育や社会活動の場面においても如何なく発揮される。青年教育には特に意を注ぎ、昭和高商や母校六高の校長、大阪経済大学の初代学長を務めた。

黒正巌の人柄

黒正巌はいかなる人であったか。学者、文人、教育者……。今までたくさんのことが語られてきた。ここではこれまで紹介されてこなかった史料から紹介してみよう。

最初は、昭和六年の『学界新風景』と題する三面記事的学界裏事情である。「百姓一揆か黒正博士か　学的生活の全貌」によれば、京大で五番目に経済学博士を取得した黒正巌氏は、弱冠三七歳の若さであるが、百姓一揆の研究により全京大人から将来を嘱目されていると褒め称えている。その生活ぶりについて、「博士は今でこそ、その百姓一揆の一党を引きつれ、時には四条のバー白鳥あたりに陣取り痛飲ぶりを見せているものの、その昔六高から大正九年京大を出たころの博士は、紅顔の美青年でかなりのハニカミヤであったが、海外留学を命ぜられて船に乗るや、その日から猛烈なホーム・

シックにかかった。このホーム・シック退治の一助にもとウィスキーをなめておったのが、向うにつくころにはすっかりウィスキー党なり終った」と、さる消息通の話を紹介している。黒正の日常の生活ぶりがわかって興味深い。

次は、二〇〇四年七月に亡くなった著名な理論経済学者である森嶋通夫の回想談である。森嶋は昭和一八年、京大経済学部の一年生の時に黒正博士の「経済地理学」を習った。レポートは自分では相当の出来だと自負していたのに、採点が平均点に過ぎなかったので、次のように述べている。「『キリンも老いれば駄馬となる』と自らを慰めるより他ない。……彼は確かに元キリンに値した俊秀青年教授であった人だ」。なかなか辛辣な評であり、森嶋流人物眼からすれば駄馬としか見えなかったのであろう（『智に働けば角が立つ』二八頁　一九九九　朝日新聞社）。一〇〇満点をもらえなかった恨みを持ち続けていたのか？　ただし当時、黒正は百姓一揆の研究によって極めて高く評価されていたことがわかる。

昭和二四年九月に急逝した博士への追悼文を紹介しよう。これらは、昭和高商卒業生の藤原大八が蒐集したものである。「清濁の傑物、故黒正巖氏を偲ぶ」では、「冬ともなれば黒正巖氏のあの特異な風来がとにかく眼先にちらつく。ボサボサの髪赤ら顔、ひょうきんな顔だち、荒い白黒ダンダラ縞のオーバー、ステッキ、非常にダンディであるが、深い豊かな精神をのぞかせている身のこなし。それでいて接する人誰にでも親しい思いをわかせていた」と追憶している（『月刊山陽』一九四九年一二月号）。

黒正校長の元で教鞭を取った六高教授大山茂昭は、「黒正先生は経済学者であり、行政家であり、文人であり、美術愛好家でありながら、実は学者でもなく、政治家でもなく、文人でもなく美術愛好家でもない。先生の本質はやはり、前述の意味での生きた現実の歴史家であり、批評家であったのではないか。この優れた現実の理解者は、自然や社会のあらゆる現象の各々に、一々感応する頭脳と学識をもった。そこに氏一流の柔らかい人間味が豊富に溢れて来た」と、思い出を語っている（『山陽新聞』一九四九年九月一二日付け）。

六高での黒正校長の様子について、六高で教鞭をとったこともある著名なイギリス史研究者である大野真弓は、次のように回想している。黒正校長ほど型破りな校長はいなかった。戦時中の大詔奉戴日の詔書奉読の時でも、事務長が恭しく棒げる詔書をバリッと広げ、大声で一気に読み上げ、最後に「御名御璽」と絶叫して、おしまいであった。勤労動員中の生徒激励のため、各地の工場を訪問し、「真理探求」「哲学尊重」「道義徹底」を説いたという（『西洋史学への道』一四一頁　二〇〇〇　名著刊行会）。終わりの三つの言葉は、学徒出陣する学生たちのために「道理貫天地」と墨書した時の黒正の心意と同義であろう。

以上の紹介から見えてくることは、柔らかい人間味あふれる黒正像である。黒正は、研究者としての百姓一揆博士から、次第に「生きた現実の歴史家、批評家」へと転換していったのではなかろうか。麒麟から駄馬ではなく、天馬となって駆け抜けてしまったのである。

黒正巌は確固とした学問的信念のもとに、自由闊達で活力あふれる活動を展開した。山陽道の明るさをたたえた黒正は、笑みを絶やさず周りに自然に人が集まった。黒正の人としての魅力といえようか。

「針をもて巌根をうがつ心して　ただ一すじに我が道を行く」

これは、昭和二四年二月に京都大学を去るにあたり、弟子の一人に与えた歌である。「黒正イズム」というのが、弟子や卒業生たちの間でよく言われてきたが、私は次の四つの眼としてまとめられると思う。鳥の眼：鳥が大空から大地を鳥瞰するように、広く空間認識のもと、国際的な視野をもっていた。たとえば戦前において、敵性言語であった英語を推奨したのは、今後の世界を見据えていたからであろう。虫の眼：虫が地面をはいつくばって動きまわるように、地道に現場に、史料に即して考える姿勢を持っていた。史料実証主義を貫き、身近な学生たちを愛し、日本文化の伝統を尊重した。魚の眼：魚が河や海で流れを読みながら自由に泳ぎまわるように、永いスパンで時代の流れを読む先見性を持ち合わせていた。日本での社会経済史学の樹立に貢献し、いち早くマックス・ウェーバーを日本に紹介した。最後にもう一つ強調したいのが、こころの眼：目に見えるものだけでなく、こころ（心・情）で感じるものへの気づきである。和を大切にし、利他の精神、感謝の心を大切にした。これは生まれがやはり神官であったことから来ているのではなかろうか。

二〇〇四年五月十六日に初めて黒正巌の生地をご子息の清・明氏と訪ね、布勢神社を参拝した。そして黒正巌夫妻の墓前に詣でて花と酒を供え、「黒正巌著作集」全七巻の完成をご報告した。そして、二〇一〇年八月三日には、黒正清・明氏と孫の洋史氏と、学長就任のご報告を墓前で行った。二〇一八年八月一日には、同行三名とともに、学長の八年間の無事を墓前で感謝した。

「道理貫天地」をめぐって

黒正巌の考え方、生き方を表す言葉として、「道理貫天地」がよくいわれる。一九八七年に大阪経済大学同窓会が発行した黒正巌の略伝の表題は、『道理貫天地―黒正巌先生の思い出―』である。大阪経済大学の正門裏には、一九九一年に建立された「道理貫天地」の石碑と黒正博士の胸像がある。何かしら人口に膾炙した言葉のように思われているが、卒業生に聞いても記憶はあやふやである。いったい何時何処で使われたのだろうか。これは、戦時下の昭和一八年九月に学徒出陣のために繰り上げ卒業した昭和高等商業学校の第一〇回卒業生へのはなむけの言葉として、卒業アルバムに墨書したものなのである。彼らは、十一月の学徒出陣壮行会の後、十二月一日に入営していった。この「道理貫天地」に、黒正の哀切なる心意が託されているといってよい。

写真５　黒正巌の胸像と石碑

　管見の限り、他に黒正自身がこの言葉を使用した例は見当たらない。似たような表現として、戦後の昭和二二年、ラジオ番組で青年教育を論じた際、「学問の本義に立ち還って、教育者自身が何物にも捉われず天地を貫く真理、世界を徹する道理の探究を邁進しうる筈である。」（第七巻三二〇頁）と、述べている。

またそれに近い使用例としては、昭和二三年十一月の「偶感」における「皆人はいかにさえけと天つちを　貫く道を究めんと思ふ」（第七巻三三六頁）の歌中に、「天つちを　貫く道」とある。「道理」という言葉の使用例としては、亡くなる直前の「羅村詩稿」の昭和二四年八月二日に、「今人忘義貴黄金　道理如塵似獣禽　君子聖賢愚不及　元来無物有天心」（第七巻三三八頁）と詠んだ漢詩がある。

昭和一九年「迎知命春之感」として、「探入史林三十年　錯節盤根道百千　樹間遥仰春峯雪　未知天命在那辺」と詠んで、襖に墨書している。一三年に生れた双子の長男清・次男明に対し、昭和一九年二月一六日には、「糸し子の清明よ　此の父の学びし道を　ひたすらに行け」の歌を襖に書きなぐっている（『黒正巌遺稿集』一九八八、「黒正巌遺墨・遺品展」二〇〇四、ともに大阪経済大学日本経済史研究所編）。これ以前の漢詩や和歌に、「天」や「道」に想いを馳せたものはない。勿論、著作や論文には出てこない。

果して黒正は、この言葉の着想をどこから得たのだろうか。諸橋徹次の『大漢和辞典』には、「道理貫心肝」（道理が深く心の底まで貫いて、少しも邪曲のないこと）の言葉が蘇軾の詩で紹介されているが、黒正がこれを知っていたかどうかは不明である。

このように見てくると、黒正は人生の区切りとして五〇歳の「天命を知る」知命を意識し、昭和一八年頃から「道」とか、「天」という言葉をしきりに使い始め、亡くなる昭和二四年九月まで使い続けていたことがわかる。昭和一八年の「道理貫天地」は、黒正の境涯にとって大きな転換を象徴する言葉であった。

ここでもう一つ、黒正巌博士の言葉を紹介しておく。「研学修道」、「学を研いで、学問に研鑽して、道を修める、道理を究める」。今日の『大阪経大論集』につながる、一九三七（昭和一二）年に発行された『昭和高商研究部報』第一輯に、黒正校長は「研究部報の発刊を祝す」という一文において、「我が昭和高等商業学校は、研学修道の精神的殿堂である」と言い、本学の使命は、学問研究に没頭するとともに、そのことを通して道を修め、人格を完成することにあると宣言している。

それでは、「道理貫天地」の道理とは、いったい何を意味していただろうか。昭和二四年の漢詩の中に「今人忘義貴黄金　道理如塵似獣禽」とある。最近の人たちは「道義」を忘れて「拝金主義」に陥り、「道理」は塵のように捨てられ、人々は禽獣に成り下がっていると嘆いている。こうした「義」と「黄金」の対比的な見方は、すでに「道理貫天地」を書いた昭和一八年の論文に表れている。

貨幣的報酬や利益のみで人間がよく働き、よく物を生産すると考えるのは人間に対する侮辱であり、その考えの前提は貨幣的支配を絶対視する資本主義に外ならぬ。他の詞でいえば、人間に本質的なものは、所有精神か創造精神かの問題であり、又人間は所有衝動によってのみ働くものか、創造衝動こそが労働の原動力なるかの問題である。現代人が今日尚営利主義に圧せられているのは資本主義経済という貨幣的量の世界から解放されていないからである。資本主義的営利に基づく所有的活動、生産は量であり、有限であり、限定である。
之に反し創造精神に基づく活動は常に質であり、且つその量に於ては無限である。我が国は本来創造精神の国である。……狭き天地に於て三千年の間かくも量、質共に豊かな生活をなし来ったのである。それが百年来西洋的ユダヤ的資本主義、貨幣的営利主義の滲透によって創造精神が蔽われ、万人が所有精神のみによって活動するようになったのである。（第七巻一四五～六頁）

ここでは日本の創造精神（義）は、欧米の所有精神に基づく貨幣的営利主義、資本主義（黄金）と対比されている。こうした見方は、それ以前にも見られる。昭和一二年に、前年の欧州視察の経験を踏まえて、ヒットラーのナチス政権下の「独逸より見たる日本」を論じた論文である。黒正は渡欧の船上にて二・二六事件を聞く。

日本的の国家的モラルというものは何であるか、それは産の精神であり、英語で申しますとクリエーションであります。（第五巻三六六頁）
純粋の日本精神というものは、良い物を造って之を人にやり、その気持をエンジョイする。是が日本人の行動であり、目的と行動が一致して居る。……クリエーションの精神の表れであって、儲けるというのは第二義的のものとなって居る証拠であります。所がそれが資本主義の魔の手に依って段々歪められて居ります。（第五巻三七〇頁）

ここでは、日本精神が「産（むすび）の精神」、「クリエーションの精神」と表現されており、創造精神がすでに意識されていたことがわかる。

それ以前ではどうだろうか。昭和六年の後半、ナチス運動が興隆しているドイツを始め欧州各国を視察した。翌七年の論文「重大時局に直面せる祖国日本の指導精神」を見てみよう。重大時局とは、満州事変のことである。

資本主義経済なるものは、計算可能なる貨幣を基礎とする徹底的合理主義に則るものとして、事物を貨幣といへる公分母によつて律し去らんとするものである。人格とか生命とか無視するものである。……日本人は生命の詩人である、合理的に事物を究明する事を欲しない人種である。故に日本人固有の生活と新生の資本主義経済とは相容れざるものである。（第七巻九四頁）日本人は生来の資本主義者ではあり得ない。日本人は摸倣に巧であるが、永久に摸倣者たり得ない。日本人は固有の精神、固有の文化を有する。（第七巻九九頁）

つまり、「道理」は、欧米の所有精神に基づく資本主義精神と対比されて、日本固有の創造精神、「産（むすび）」の精神として理解されていたのである。では、産の精神とは何か。昭和一八年の論文での「農本主義」への批判として、次のように述べている。

農民は自家の労働力によって全生産過程に参加し、市場の如何に惑わさる事なく、恰も我が子を育成するかの如くに生産に従事するのである。勿論農民と雖も価格を無視するものでもなく、貨幣を無用視したのではない。否、場合によっては市民以上に貨幣を必要とし貨幣に囚われても居た。併し彼等が自己の耕作せる田畑の作柄を見て自己の子供の生長をたのしむが如くに自らをたのしみ、その生産物に愛着を有する事は到底工業生産者の比ではない。（第七巻一五〇～一五一頁）

貨幣経済、市場原理を認めながらも、その根底に「我が子を育成するかの如く」「自己の子供の生長をたのしむが如く」「生産物に愛着を有する」といったものが流れていることに着目している。「産の精神」とは、「愛」なのである。

農業こそが国の基本であるという「農本主義」は、黒正が強調する「産の精神」、そして「愛」に基づいていただろうか。戦時下について、次のように述べている。

最近の農民の最も得意な気分は、従来軽視されていた農産物が万人の渇望する処となり、農村が羨望の的となった事から生れている。昔から農は国の本だとか、一に百姓、二に殿様などといったけれども、之は農民をおだててよく働かせるための標語にすぎない。何人も真心からそう思っていたのではなく、内心は百姓を軽蔑していたのである。（第七巻一五一頁）

江戸時代における「農業尊重思想の真意」についても同様である。

かかる農業尊重の思想は結局当時の支配階級たる武士の利害休戚の問題より出発するものであるから、如何にも農業を尊重し農民を愛護せるが如きも、事実は之と反し極度に農民を搾取し圧迫した。……

江戸幕府の伝統政策の一つとして農民を永久に愚にし、自覚の精神を起さしめない様に努めた。……

故に農民は武士階級が「一に百姓二に殿様」と称しても之を信ぜず、その農業対策には常に疑念を懐き、更に積極的消極的方法によって抵抗するに至った。（第六巻三二〇～三二一頁）

農本主義の欺瞞性を指摘した上で、農家の根底には生産物への愛着があることを指摘する。これは、宮本常一で紹介した「愛着と共感」の日本文化そのものではないだろうか（本書二二八〜二三二頁）。黒正巌は、宮本常一と共振するのである。

2　関西農業史研究会をめぐって

関西農業史研究会のあゆみ

関西農業史研究会は、「日本農書全集」第Ⅰ期の発刊（一九七七〜）に伴い、編集委員であった飯沼二郎先生、岡光夫先生が、三橋時雄先生と語らい、収録されている農書を読もうということで、一九七七年から始まりました。はじめは銀閣寺の三橋先生のお宅でしたが、やがて六月から京都大学の農林経済学教室の五階の会議室で月一回行うようになりました。しばらくして次第に各人の研究報告が中心となりました。会場も京大から同志社大学、大阪経済大学へ移りました。当時大学院生であった私は、研究会の案内、通信などをずっとお世話してきて、気がつけば二〇一九年一月で四一年、三七六回を数えるまでとなりました。学会でもなく、ただ農業史好きが集まっただけの在野の研究会ですが、こうして長続きできたのは会員諸氏のご協力のおかげです。心から感謝いたします。これまでに三六回も報告させていただきました。私がこの歳まで研究を続けてこられたのは、この研究会があったからこそです。来る者は拒まず、去る者は追わずで、やってきましたが、今後とも気楽に続けていきたいと思います。

思文閣出版にご協力をいただき、この間会員の研究成果として、谷弥兵衛『近世吉野林業史』（二〇〇八）、伏見元嘉『中近世農業史の再解釈』（二〇一一　本書二〇二～二〇九頁参照）、大島佐知子『老農・中井太一郎と農民たちの近代』（二〇一三　本書二二一～二二八頁参照）、板垣貴志『牛と農村の近

写真６　関西農業史研究会のメンバー

祇園・東山荘での三橋時雄先生の喜寿と飯沼二郎先生の古稀祝いにて（1988. 6. 11）

写真７　土井浩嗣氏の出版お祝い会

前列左から２人目、先斗町・よし菜にて（2018. 9. 22）

代史』（二〇一三）、橋詰伸子『地域名菓の誕生』（二〇一七）、玉井浩嗣『植民地朝鮮の勧農政策』（二〇一八）を出すことができたのは大きな喜びです。もちろん他の方々も研究成果を発表されています。研究会のホームページは、堀尾尚志会員のご努力で公開、更新されています（http://www.ka-ahcs.org）。

また、「近畿農書を読む会」という全国各地の農書を訪ねる旅も、五月の連休明けに一九八一年以来現在まで続けています。もう三七年になりましたので、ほぼ農書にある地域は訪ねました。会員の勉強と親睦（温泉、肴、酒など）を兼ねた修学旅行です。

写真８　『蚕飼絹篩大成』の著者成田重兵衛の石碑の前で（滋賀県長浜、1987. 3. 14）

次に紹介する三橋時雄先生と飯沼二郎先生は、戦前の京大農史講座で黒正博士の薫陶を受けています。両先生に師事した私は、黒正博士からは直系の孫弟子です。黒正博士が初代学長を務められた大阪経済大学で現在、研究・教育に励んでいるのは、奇しきご縁に感謝するばかりです。

三橋時雄先生の思い出　「カンパーイ!」

三橋先生の乾杯の音頭は、少々長かった。ビールの泡が消えてしまうことも度々でした。そんなカンパーイ！　を何度して頂いたことだろう。関西農業史研究会で先生の乾

写真９　関西農業史研究会の二次会にて。三橋時雄先生（左）と岡光夫先生（右）（1989. 4. 8）

杯は、一九九五年一一月の第一八四回例会が最後となってしまいました。年末に入院されてお見舞にうかがったりしましたが、わずか数か月後（一九九六年二月二九日ご逝去）、再びあの名調子のカンパーイ！　をお聞きすることはできなくなってしまいました。

関西農業史研究会は、「日本農書全集」（農文協）が出版されたのを機に江戸農書を読んでみようということで、一九七七年頃から銀閣寺の三橋先生のお宅で始まりました。そして、七七年六月から京都大学農林経済教室の五階の会議室で月一回の研究例会を開いてきました。やがて、八五年六月から同志社大学の光塩館に場所を移しました。

研究会は二時から五時ぐらいまで徹底的な議論をやり、疲れたところで飲み屋に場所を移し第二ラウンドが始まります。最初の頃は、農学部の前の「みそら」で、同志社大学では荒神口の「酔」や新町通りの地下にもぐる「おとんぼ」、やがて相国寺を抜けて「ひょうたん」の二階でやるのがお決まりとなりました。時折、川端通りの「赤垣屋」や出町柳の「紀州屋」へ出張したりもしました。僕の好みや懐具合もあって、安くてゆったりした飲み屋ばかりでした。

先生は、いつも最後までおつきあい下さいました。一八四回のうち、やんごとなき用事以外は決しておことわりになられなかったから、きっと一六〇回か一七〇回は御一緒させて頂いたことになります。実に楽しそうに飲まれ、誰とも気さくに歓談されていました。

一九八八年六月に三橋先生の喜寿と飯沼先生の古稀をお祝いして、青蓮院の前の「東山荘」で一席もうけたことがありました。その折、お二人が肩を組まれて楽しそうに踊られた姿が今日のように思い出されます。また、研究会のメンバーで毎年五月に、農書の故郷を訪ねる旅を続けていますが、八七年は先生の故郷近江でした。長浜の奥の須賀谷温泉で、琵琶湖周航の歌をみんなで大合唱し、先生はオールを漕ぐマネを上機嫌でされたものでした。

こうしたことが鮮かに思い出されるのも、実は先生にパチリパチリと写真を撮って頂いていたからなのです。数か月後にポケットからごそごそと出しながら頂いた写真が、ファイル二冊分もあります。研究会のメンバーもたくさん写真を頂戴しているはずです。ありがたいことでした。

飲み会が終わって、バス停までお送りしました。少々お疲れの様子でもあり、とくに晩年は足が弱られてゆっくりとした足どりでした。「僕のことはええから、若い人らと二次会に行っといで」とやさしく言われました。バス停でお別れする時、「今日はありがとう。また、うちにも子供さん連れて来て下さいね。」と言われて、手を握られました。その柔らかいぬくもりが懐かしく思い出されます。

合掌

（『三橋先生思い出集　四明岳より四明会へ』一九九八　所収）

以下は、三橋時雄先生の主著の紹介です。

『日本農業経営史の研究』一九七九　ミネルヴァ書房。

一九一二年滋賀県で生まれ、三高・京都帝国大学農林経済学科を卒業後、大学院で日本経済史研究所の創設者の一人で百姓一揆の研究で名高い黒正巌のもとで学びます。農史講座の助手・助教授の後、一九五二年より七五年まで教授を務めました。一九九六年に逝去。

同書は、著者のライフワークである日本の農業経営の歴史的変遷をまとめたものです。昭和恐慌下の琵琶湖湖畔の一寒村で育った著者の問題意識は、「農業経営史学」の確立により、現在の農業経営の理解にいかに資するかでした。

著者は、社会経済史的方法による農業経済史と農学的な農業技術史を総合した学際的学問としての農業経営史学を構築しようとしました。農業経営学的な研究方法や統計的手法を取り入れた、歴史学・経済学の一部としてではなく、農学の一部としての「農史」学独自の方法論に特徴があります。

本書の第一章「序論」でこうした著者の立場を述べた上で、第二章「近世以前における農業経営」、第三章「近世前期における農業経営」、第四章「近世後期における農業経営」、第五章「近代における農業経営」と、時代をおって分析しています。

著者は、土地所有の集中・拡大はあっても、農業経営規模の拡大には限界があって、基本的には縮小化の方向を辿るとしました。

地方史料を使った近世の研究は、発表当時から高く評価されていました。中でも和泉国大鳥郡踞尾村北村家の寛文・延宝期の分析は、貴重です。

著者の研究として忘れてならないのは、隠岐島における同じ耕地が年により農耕地と放牧地が輪転する牧畑を解明した『隠岐牧畑の歴史的研究』（一九六九　ミネルヴァ書房）です。著者の実証的な農業経営史学を知る上で重要です。

（『日本史文献事典』二〇〇三　弘文堂　所収）

飯沼二郎先生の思い出　「セイント・イイヌマから左党・飯沼への転向」

敬愛する飯沼二郎先生は、いつもニコニコ慈父のように笑っておられました。先生には、三〇年近くにわたって師事させていただきました。先生から親しくご指導を受け始めたのは、正規の人文研での大学院演習というより、一九七七年六月より始めた在野の「関西農業史研究会」においてでした。これは飯沼先生、農史講座の三橋時雄先生、同志社大学の岡光夫先生の三先生が中心となり、農業史研究の好きな者が集まって始められました。大学研究者の枠をこえていろんな人が、京都だけでなく西日本全体から集まって開かれました。当初はちょうど編集・刊行が進んでいた「日本農書全集」を読むことが中心で、その後各人の研究報告と変わりました。研究会は、二〇〇五年一二月で二七四回を数えます。

先生は、研究会をいつも楽しみにしておられ、八〇歳を過ぎても毎回欠かさず出席されました。最晩年の二年ほどは体調が優れず時々休まれましたが、最後となった二〇〇三年九月には、土井浩嗣さんの日帝下の朝鮮農会の報告ということで、杖を突きながらゆっくりゆっくりお出でになり、楽しそうに報告を聞いておられました。

研究会では、何度となく報告され、若い報告者に対しては厳しくも暖かいアドバイスをいただいておりました。研究会終了後は、近くの居酒屋で研究会の第二ラウンドの開始です。ここでは、遠慮会釈ない議論、批判が応酬されました。飯沼風土論、農業革命論も当然俎上にのぼります。先生・弟子の関係ではなく、研究する者同士の対等の関係で議論させていただいたことが懐かしく思い出されます。

京大人文研時代には敬虔なキリスト者で、「セイント・イイヌマ」と言われていた下戸の先生が左党に転向したのは、この研究会のためでした。先生はいつか、「お酒の楽しみをこれまで知らなくて、随分損しちゃったよ」と、言われました。

一九八〇年四月、九州大学で開かれた日本農業経済学会のシンポジウムのとき、先生は会場から、「日本農業の近代化は、大規模化ではなく、日本の伝統に基づいて行われなければならない」と、発言されました。会場からは、またかという失笑がもれ、無視されてしまいました。また、恩師と尊敬されていた東畑精一の「単なる業主論」を批判した論文を『農業経済研究』に投稿し拒否されて、その後ついに学会をお辞めになられたとお聞きしました。

もう三〇年か四〇年前のことでいつだったかはっきりしないのですが、夜八時ころ河原町三条の駸々堂書店（今はない）でリュックを背負った先生にお会いしました。「どうしたんですか？」とお聞きすると、朝鮮関係の「出来たばかりの雑誌を置いてくれるように、頼んでいるんだ」と言われました。また、別の日の夜のこと。四条河原町の高島屋の前で、金大中の拉致事件問題で抗議のハンガーストライキを何人かとされておりました。この時は、さすがにお声をかけることが出来ませんでした。学者の生き方の厳しさを思い知らされました。

写真10　飯沼二郎先生と（千葉大にて、1998. 4. 3）

長いオーバードクター生活を終えて一九八五年に私の就職が決まったお祝いの時は、居酒屋の二階からすべって落ちてしまわれました。博士論文の刊行が遅れていた時、「完成した本などいつまでたっても出来ないんだよ。次にさらにいいものを書けばいいんだ。今から君の家に行って原稿をもらって、出版社に送ろう」と言われ、目が覚めました。一九九七年に『日本農法史研究』（農文協）が無事刊行できた時、先生は北白川の疎水沿いの中華レストランで二人だけで出版祝いをして下さいました。

写真11　飯沼先生の古稀と三橋先生の喜寿を祝う会（祇園・東山荘、1988. 6. 11）

一九九八年八月に、韓国民主化運動支援のために渡韓がかなわなかった先生を初めてお連れし、韓国農村をご一緒に回りました。『日本農書全集』の仕事が朝日新聞社の第三回「明日への環境賞」に選ばれ、二〇〇二年四月に車椅子の先生と京都から東京までお供させていただきました。

二、三ヶ月に一度は北白川のご自宅に伺い、農業史研究、政治社会、人生のことなど、そして先生ご自身の思い出、研究者生活など、半日近くお話させていただきました。こうしたお付き合いの中から、研究者、学者としての本当の生き方を学びました。「徳永君、僕のカバン持ちなんかする必要ないんだよ。流行に惑わされることなく、いつも農家の方を向いて研究するんだよ」といつも言われていました。肝に銘じて、その後の研究をしてきました。

二〇〇四年一〇月、ふらっと先生のお宅を訪ねますと、近くのバプテスト病院に大事をとって入院されているとのことでした。その後、忙しさにかまけてお伺い出来ませんでした。あの時、強引にお会いしておけば良かった（二〇〇五年九月二四日ご逝去）。先生、ごめんなさい。先生を敬愛する者たちで、二〇〇五年一一月二〇日に「飯沼先生を偲ぶ会」をさせていただきました。ありがとうございました。

合掌

（二〇〇五年一一月二〇日の偲ぶ会でのスピーチ）

＊なお、飯沼先生の研究業績については、「風土と農業革命の飯沼農法論」（徳永『日本農法の天道』二二〇～二三八頁　二〇〇〇　農文協）をご参照下さい。

岡光夫先生の思い出　「日本の実証論文を書け」

関西農業史研究会を代表して、お世話になりました岡先生へのお別れの言葉を述べさせていただきます。

先生は一九二〇年北海道の農家にお生まれになり、北海道大学農業経済学科を卒業後、一九四八年より東京大学大学院特別研究生として古島敏雄先生の薫陶を受けられました。守田志郎とは同門でした。兵庫県立農科大学（後の神戸大学農学部）を経て、一九五九年より九〇年まで同志社大学経済学部にお勤めになりました。

関西農業史研究会は、一九七七年六月に始まり、現在まで二八年間にわたり毎月一回二〇人ほどが集まり、二六九回の研究例会を行ってきました。西日本を中心に農業史が好きということだけで集まっており、職業も年齢も全く関係ない在野の会です。

こうした自由な集まりを指導していただいたのが、岡先生でした。三橋時雄京大農学部教授、飯沼二郎京大人文研教授を含めた三人のトロイカ体制での指導により、私たちは農業史研究の厳しさと楽

写真12　関西農業史研究会の二次会にて。岡光夫先生は右端（1983. 4. 16）

しさを教えていただきました。岡先生のご指導は、史料解釈などをめぐってとりわけ厳密なもので、議論が終わればもう立ち直れないくらい打ちのめされる感じでした。

しかし、その後の懇親会では、うってかわって楽しい飲み会でした。生まれ育った北海道のこと、東大の古島敏雄先生のところで修業時代にラクダ横丁で飲み歩いたこと、丹波篠山の兵庫農科大学の時には金をやりくりして毎週史料調査に出かけたこと、最初の著書『封建村落の研究』（一九六四　有斐閣）を出された時の苦労など、いろいろと学問のコツを教わりました。我々が現在こうしてそれなりの農業史研究を続けておれるのは、まさに岡先生のご指導のおかげと、感謝するばかりです。

さて、ここで岡先生の長年のお仕事を三点にしぼって、ご紹介させていただきます。研究会が始まった時、岡先生は、五〇代後半で研究者として最も充実していた頃ではなかったかと思います。その頃は、「日本農書全集」の編集に全力を尽されていました。第Ⅰ期全三五巻は、一九七七年から八三年にかけて刊行されましたが、この原文翻刻、現代語訳、注記、解説のお仕事には、先生のそれまでの研究蓄積が遺憾なく発揮されました。我々研究会のメンバーの何人かが参加させていただき、岡先生のご指導を受けました。飯沼二郎、山田龍雄、守田志郎とともに行ったこの「日本農書全集」は、地味ではありますが農業史研究の土台を築く、後世まで残る貴重なお仕事であったと思います。

さて、この「日本農書全集」に初めて収録されたのが、近世最高の技術段階を示す農書といわれる河内八尾の「家業伝」（第八巻）でした。これは、先生の名著の一つである『近世農業経営の展開』（一九六六　ミネルヴァ書房）で紹介され、幕末畿内の富農経営の実例として学界に大きなインパクトを与えました。『近世農業経営の展開』は、近世における西日本各地の自作経営の再生産構造と村落結合の関連を、地方の史料を使って分析したものです。

各章のタイトルを紹介しますと、「畿内農業における富農自作経営―綿作経営と富農技術―」（河内国若江郡八尾木村木下家）、「穀作地域の地主自作経営―瀬戸内豪農穀作経営―」（伊予国新居郡松神子村小野家）、「山村農業における零細自作農民経営―零細自作農民と同族結合―」（丹波国何鹿郡於与木村吉崎家）、「木綿専売地域の農業と綿織―上層自作の専売商人化過程―」（播磨国加古郡下村本岡家など）、「近世稲作技術における畿内の地位―反当播種量減少傾向の意義―」からなります。

これらの表題からわかりますように、実に丹念な史料分析が岡先生の真骨頂といえます。『近世農業経営の展開』により、戸谷敏之以来、ここに初めて実証的な近世農業経営史学が誕生したと言えます。

小野家については、『村落産業の史的構造』（一九六七　新生社）で更に詳しく分析されています。

同時期の著作として、西日本の百姓一揆と農業経営を扱った『近世農民一揆の展開』（一九六七　ミネルヴァ書房）があります。その後のお仕事としては、農業史では『幕藩体制下の小農経済』（一九七六　法政大学出版局）、その他の分野では、民俗学の宮本常一らと共同研究した成果である『日本塩業のあゆみ』（一九八二　国書刊行会）、古本市で見つけた戦中戦後の京都の一庶民の日記を紹介した『辛酸』（一九八〇　ミネルヴァ書房）などがあります。

岡先生のお仕事の中でもう一つ代表作をあげるとすれば、『日本農業技術史』（一九八八　ミネルヴァ書房）に異論がないと思います。同書は、近世から近代にかけての農業技術の歴史を、稲・綿・煙草の三作物につき、地方史料を博捜して論じています。先生の大学院以来四〇年にわたる史料調査・研究を集大成したものといえましょう。

稲は、日本の主作物で二〇〇〇年以上の歴史があり、非常に高い技術を達成し、明治期にも最も安定した作物であった。その要因として、著者は種子交換、老朽化水田への対策、金肥の導入と施用法、反当播種量の減少と栽植法、排水技術の展開を挙げています。さらには章を改め、乾田化と牛馬耕の全国的状況について詳述しています。

綿は、近世から明治一〇年代にかけて、日本の商品作物の雄であったが、関税撤廃以後は急速に衰退してしまった。その技術的欠陥がどのようなもので、いつ頃から現れたかを解明しています。

煙草は、幕府の作付け禁止にかかわらず、半世紀余りで各地に伝播した人気作物でした。開国後も綿とは逆に一九四〇年頃まで輸出されます。外国品に対抗しえた技術の形成過程を明らかにしています。

最後に、「技術と人」の観点から、農業技術の開発や普及が、いかなる階層によって担われてきたかを、老農の成立と時代的性格を中心に述べています。

本書は、岡先生の師である古島敏雄先生の『日本農業技術史』（時潮社　一九四九「古島敏雄著作集」第六巻　一九七五　東大出版会）を、史料に基づき実に四〇年ぶりに書き換えた労作であり、先生の代表作といえるのではないでしょうか。

先生は、その後『近世農業の展開』（一九九一　ミネルヴァ書房）において、幕藩権力と農民の関係を論じています。

最後に私の思い出を少しばかり述べて終わりとします。私は、ドクター、オーバードクターの時一ヶ月に一回くらい、北白川のお宅で夕方四時、五時頃から酒を飲みながらご指導を受け議論をしました。そして七時頃、奥様がお仕事から帰られるとおいしい手料理で、さらに夜中の一時、二時まで飲ましていただきました。下駄で行って無礼な奴と思われ、「先生なんかすぐ追い越しまっせ」と豪語して苦笑いされていたことが、昨日のように思い出されます。奥様、ありがとうございました。

先生はよく、「君みたいな者でも、一〇〇本実証論文を書けば、ものになるよ」と言われました。一〇〇本というのは容易なことではありません。先生の実証的な研究態度を示すお言葉でした。

弘文堂の『日本史文献事典』（二〇〇三）に先生の二冊の著書（『近世農業経営の展開』、『日本農業技術史』）を紹介し、早速ひたちなかの奥様の所にお送りさせていただきました。先生の枕元でコピーを見せて読み上げると、ウンウンとうなずかれたとお聞きしております。先生から頂いた広大な学恩に対し、ほんの少しばかりですが報いることが出来たかと思っています。

先生は、同志社大学をご退職されてから、お体がすぐれず、研究会から少し足が遠のきました（二〇〇五年六月六日ご逝去）。長年にわたり先生に付き添い看病してくださった奥様やご家族のみなさまに衷心より御礼申し上げます。

岡光夫先生の生前の我々関西農業史研究会に対するご指導に感謝申し上げるとともに、心よりご冥福をお祈り申し上げます。先生、ありがとうございました。さようなら。

（二〇〇五年六月一二日の京都での告別式にて）

三好正喜先生の思い出　ご著書への御礼

自宅近くの吉田神社の節分が終わり、春近しです。梅のつぼみも膨らんできました。ご無沙汰しております。お元気のことと存じます。

さて、過日はご労作『続・ドイツ農書の研究』（二〇一二　北斗書房）をご恵贈くださり、ありがとうございました。十分理解はできていませんが、一・二部とも一通り読ませていただきました。前作の『ドイツ農書の研究』（一九七五　風間書房）から四〇年近くがたっていますが、ドイツ語史料を継続的に読まれて問題意識を持ち続けられ、研究してこられたことに敬意を表しますというより、驚きでした。どこがどうと、ようコメントできないことをお許しください。

昨日（二〇一三年二月九日）、関西農業史研究会で、内田和義さんの近著である船津伝次平の研究の書評会を行いました（本書二一四〜二二〇頁）。私からは、同封しましたコピーのコメントを行いました。彼が二〇年近くかけてまとめたことに、これまた敬意を表します。関西農業史研究会は、今も私が世話を続けています。一九七七年からですので、三五年、三二〇回ほどになりました。

写真13　農史ゼミでの徳永の就職祝い。三好先生は前列右から二人目（1985. 3. 18）

　後の懇親会で、足立芳宏さん（現京都大学教授）も含めて昔の思い出話をしていました。足立さんによると、院生の河合明宣さん（現放送大学教授）、徳永、内田さん（現島根大学名誉教授）、岩谷幸春さん（現同志社女子大学名誉教授）くらいの時期（一九七五頃〜一九八五頃）が、三好先生が一番厳しかったのだそうです。足立さんの時期になると、三好先生は随分優しくなっていたそうです。私はずっとコワイ先生が続いていたのかと思っていましたので、意外でした。それでもあれだけ厳しく指導していただいたおかげで現在があるんやなと、内田さんとうなずき合いました。本当に、ありがとうございました。

厳しかったです！　三、四ヶ月ごとに、奈良県の近世古文書を読んで報告しました。二時間近くかけてしどろもどろになりながら報告を終えると、君はこういうことを言いたいんだねと五分くらいで簡単明瞭にまとめられ、それで他に何か言いたいことがあるの？　と聞かれて、絶句するのが常でした。報告の前は一週間くらい徹夜を続け、うとうと寝入ってしまうと夢の中で怒られ、泣いていました。ほんまに枕元が濡れていたくらい、緊張の連続でした。

論文を書くと、真っ赤になるくらい何度も何度も一本の論文で添削していただきました。ちょっとした論理の飛躍も許さず、厳しく指摘されました。それでも何とか、三好先生がご退官される一九九〇年三月に、「農業技術の社会文化史―大和農法の構造と展開―」で農学博士を取得することが出来ました。せめてものご恩返しができたかなと思っています。

故山田達夫先生はじめご縁があって、農史講座初代教授の黒正巌博士が初代学長を務めた大阪経済大学に二八年も勤め、今は学長をしています。山田先生が第一〇代、私が第一三代目に当たります。何やら不思議な感じがしています。未来を担う学生のため、高等教育機関の役目を果たすべき大学のために努力するつもりです。これもまた、私に与えられた天命かなと思っています。

大和農法の研究、日本の江戸農書の研究とやってきて、あと出来れば「日本農学原論」のようなものをまとめられればと思っています。農学原論講座の柏祐賢さん、祖田修さんのお仕事を継承しながら、日本版農学原論です。私には論理的よりも実証的・情緒的？　なのが、性に合っているようです。学長だからと言い訳しないで、研究を手放さずにいきたいと思います。今回の先生のご著書にふれて、最後まで一生研究をやり続ける勇気をいただきました。三五年前の院生・ODのときの教えと同じ「厳しい」教えです。ありがとうございます。

黒正巌博士の弟子である三橋時雄先生のごく初期の弟子である三好先生は、学問の流れからすれば、私は三橋先生の最晩年の弟子ですので、私の兄弟子に当たります。しかし、私には三好先生が直接師事した恩師であります。重ねて御礼申し上げます。

お体、くれぐれもお気をつけて下さい。

二〇一三年二月一〇日

追記：三好先生は、二〇一八年一二月二四日に亡くなられました。享年九二歳。二日前に入院先の病院へお見舞いに行きました。お言葉を交わすことはできませんでしたが、大きな声で話すと、何かしら頷かれ、言葉を出そうとされていました。生前に一言でも、ありがとうございましたの感謝の言葉をお伝えすることができてよかったです。ご冥福をお祈りいたします。

私の恩師と言える四名の先生は、すべて鬼籍に入られました。これまでの学恩に感謝し、残された人生で、京都の農史研究の伝統を受け継ぎながら、比較農法史、日本農学原論の道をまっすぐに歩んでいきたいと思います。

あとがき

私には気がかりな女性が二人います。お一人は本書でも紹介した石牟礼道子さんです。二〇一八年一〇月二〇日に御所西の金剛能楽堂で、彼女の原作で新作能「沖宮（おきのみや）」を観劇することができました。金剛龍謹・金剛永謹のシテ、志村ふくみの能衣装でした。私は正直、よくわかりませんでした。渡辺京二は『預言の哀しみ―石牟礼道子の宇宙Ⅱ―』（二〇一八 弦書房）に「『沖宮』の謎」を書いて、石牟礼の意図を読み解いていますが、まだよくわかりません。今後とも彼女の著作集などを読みながら、石牟礼の文学を粘り強く考えていきたいと思います。

もう一人の女性は、現代アートの鴻池朋子さんです。『どうぶつのことば―根源的暴力をこえて―』（二〇一六 羽鳥書店）を読んで、直接見てみたいと思いました。折りよく二〇一七年二月に新潟市の県立万代島美術館で個展がありました。正直、今まで出会ったこともないアートでした。二四ｍにわたる皮を継ぎ合わせた大緞帳に、獣、魚、鳥たち。人の内臓や血管。そしてそれらを包み込む雪や風、大自然。立ちすくみ、歩き、座り、見つめ、目をつむり、そんな繰り返しで一時間、二時間と過ごしました。美しいとか気に入るとかという反応は、全く起こりませんでした。何か怖いというか、畏れといった気持ちです。今まで私の中にあった農耕的に整頓されたというか、行儀よい美意識が破壊されていく感じなのです。

二〇一八年九月には彼女のホームグランドでもある秋田県で、「ハンターギャザラー」（採集狩猟民）の個展が開かれましたので、県立近代美術館（横手市）まで出かけました。鴻池さんは、喰う動物たちの姿を描いた幅八m×高さ六mのカービング（板彫り絵画）、毛皮と山脈の空間「ドリーム　ハンティング　グラウンド」などの新作で私たちを揺さぶります。展示の仕方も度肝を抜きます。そしてビデオを見ると制作過程がわかり、さらには鴻池さんが雪の中で叫びます。ホーメイという喉歌らしいです。冬の川を登ります。今までのアーティストのイメージを飛び越えていきます。何か、私の体内がザワザワし始め、異和感が広がっていきます。何だろう？　今まで「農耕」の世界で考え生きてきたことから外れて、ハンターギャザラーの世界へ踏み出すことの恐怖でしょうか？　これまでの文化の「原型」を解体・転換させようとする鴻池朋子さんのアートに、今後とも注目し学んでいきたいと思います。作品は、『根源的暴力』（二〇一五）、『ハンターギャザラー』（二〇一八　ともに羽鳥書店）で鑑賞できます。

小説もよく読みますが、上橋菜穂子、梨木香歩、木内昇、加納朋子、河治和香、朝井まかてなどなど女性作家を愛読しているのは、なぜだろうな？　音楽でも、保多由子、波多野睦美、松田美緒、中島みゆき、ちあきなおみなどなど女性シンガーのCDを愛聴しています。私の受容する農業という学問、そして生き方と共響する何かがあるのかもしれません。

本書は以下の論文などをもとに加筆修正しています。とくに第Ⅰ・Ⅱ部は、第Ⅰ部第一章を除き、全面的に改稿しています。敬称は一部を除き省略させていただいています。おゆるし下さい。

第Ⅰ部
・解説：守田志郎『小農はなぜ強いか』「日本農学の原論として」二〇〇二　農文協
・「農法と技術の「あわい」—守田志郎の農法論を手がかりに—」（『大阪経大論集』第六八巻五号　二〇一八）
・「日本農業史からみる二一世紀の日本農業の未来」（同　第六六巻五号　二〇一六）
・「東アジア農業を比較史的にどう見るのか（一）（二）—日本農学原論のための予備的考察」（同　第六一巻一、二号　二〇一〇）

第Ⅱ部
・「江戸農書にみる『合わせ』の農法」（水本邦彦編著『環境の日本史』第四巻　二〇一三　吉川弘文館）
・「日本における農法の改良と持続—在地・外来・在来—」（勝部眞人編著『近代東アジア社会における外来と在来』二〇一一　清文堂出版）
・「江戸農書に見る『勤勉』と『自然』—『百姓の道』を生きる農民世界—」（大島真理夫編著『土地希少化と勤勉革命の比較史』二〇〇九　ミネルヴァ書房）
・「日本農学の源流・変容・再発見—心土不二の世界へ—」（田中耕司編　岩波講座『「帝国」日本の学知』第七巻　二〇〇六　岩波書店）
・「江戸農書にみる天の道・地の利・人の事」（『農業史研究』第三八号　二〇〇四）
第三章は、新たに書き下ろしました。

第Ⅲ部　第一章については、書評や紹介などの掲載誌などを、それぞれに記しています。

第二章の「黒正巌をめぐって」は、「黒正巌著作集」第七巻の解説（二〇〇二　思文閣出版）と、『日本経済学と黒正巌』の論文「道理貫天地考」（二〇〇五　思文閣出版）を全面的に改稿しました。「関西農業史研究会をめぐって」に関しては諸先生の思い出を語った場所、日時をそれぞれに記しています。

以上の第Ⅰ～Ⅲ部の諸論稿により「作品としての農学」を書き上げられたのは、本書第Ⅲ部第二章で記しましたように、一九七七年から四〇年以上続けている関西農業史研究会の諸先生、諸先輩、仲間の皆さまのおかげです。ここに改めて御礼申し上げます。

一九九三～九九年にかけて「日本農書全集」第Ⅱ期全三七巻（農文協）の編集委員を務め、一九九六年に最初の著書『日本農法の水脈』を出し、続けて学位論文である奈良県の大和農法の研究を『日本農法史研究』（一九九七）、そして二〇〇〇年に『日本農法の天道』（いずれも農文協）と出しました。さあ次は『日本農法の心土』を数年後に出版しますと予告したのに、書けぬままいたずらに一九年がたってしまいました。研究者として情けないやら、恥ずかしい限りです。熟成するのを待っていたといえばかっこいいですが、怠けていただけです。

本書が成るには、今回も農文協の方々にお世話になりました。「日本農書全集」第Ⅰ期全三五巻（一九七七～八三）の時からですので、四〇年以上にもわたるお付き合いです。中田謹介、繁田与助、本谷英基、吹野保男、そして原田津、金成政博の皆さまにお世話になりました。やっと出せた本書では、金成さんに編集の、吹野さんに制作の労をとっていただきました。ご縁に感謝いたします。

長いオーバードクターの後で、一九八五年に黒正巌博士が初代学長を務めた大阪経済大学に拾っていただきました。その時に辞令をいただいたのは、西田哲学の元学長鈴木亨先生でした。一九九九年から黒正巌博士が私財を投じて作られた日本経済史研究所の所長を務め、その後何かと「長」をやり続けて、二〇一〇年からは学長を務めています。ご恩返しのつもりでやってきました。気がつけば三四年間にわたり河原町と上新庄を往復し、山崎のウィスキー蒸溜所を横目に見続けてきました。夜に河原町駅から木屋町へと歩けば、いつもの居酒屋・バーが恋しくなってきます。

三月末で走り続けてきた八年半の学長を退任いたします。この間、お世話になりました教職員の皆さまに、心から御礼申し上げます。学長に就任してから、学長ブログとして日々の出来事や心境を「野風草（のふうぞう）だより」として、九〇〇回を超えて書いてきました。アクセス数は八〇万回ほどになります。ありがたいことです。ブログ名は、最初のゼミ卒業生が出た一九八八年三月に贈った言葉、青（アホ）くさいけど「野のようにたくましく、風のようにさわやかに、草のように生き活きと」に由来します。この三月で徳永ゼミの「野風草会」はちょうど三〇期、六五〇名ほどになります。今もって年賀状やメールの交換をし、時には集まって飲みながら近況や学生時代の思い出を語りあっています。こうしたつながりを持てたことを、卒業生の皆さんに感謝します。ありがとう。

最後に私事を少々。故郷の松山から一八歳で京都へ出てきて、吉田山の南側である神楽坂に下宿しました。その後、吉田山界隈をうろうろしながら、大阪経済大学に勤めだして三五歳で、今度は同じ吉田山の麓の「近衛坂」（今はあまり言わない）に住み続けています。同じ下大路町内の南端と北端になります。因みに上の家は、大正末期に民芸運動の柳宗悦が一時住んでいた瀟洒な古民家です。吉田大元宮、宗忠神社、真如堂、黒谷さんが四季折々いつもの散歩コースです。京都に住んでもう五〇年近くになりますが、未だに「京都人」にはなれません……。私は何もかもが守旧的ですね。

妻の真由美とは故郷松山の中学校で知り合い、二人の大学卒業とともに結婚して暮らし始めました。もう何年になるだろうね。私の最後になるはずの著書（おそらく『日本農学原論』農文協？）で、感謝の言葉を述べるつもりでしたが、酒と怠惰のせいで覚束ないので（ごめん）、本書で書きます。「真弓」（俳号）は松山の伝統文芸である俳句に精を出しています。こうして私が生涯を農業史研究と大学教育に一筋に打ち込めてきたのは、ひとえに妻のおかげです。おたがいに二人三脚でここまで無事に歩んでこれたことに、感謝します。ありがとう。一言述べて、結びといたします。

己亥　立春

神楽丘・近衛坂にて

徳永光俊

（黒正巖博士の「道理貫天地」、「研学修道」の印は、水野恵氏（鮟鱇屈）の篆刻です。）

●著者略歴

徳永　光俊（とくなが　みつとし）

1952年　愛媛県松山市に生まれる
1971年　愛媛県立松山東高等学校卒業
1975年　京都大学農学部農林経済学科卒業
1980年　京都大学大学院農学研究科農林経済学専攻後期博士課程
単位取得満了
1990年　京都大学農学博士取得

1985年～大阪経済大学経済学部に勤務（現在に至る）
2010年～大阪経済大学学長（現在に至る）
1977年～関西農業史研究会の世話人（現在に至る）

編著：『黒正巖と日本経済学』2005年　思文閣出版
共編：『経済史再考―日本経済史研究所開所70周年記念論文集―』
2003年　思文閣出版
共編：「黒正巖著作集」全7巻　2002年　思文閣出版
共編：『写真でみる朝鮮半島の農法と農民』2002年　未来社
共編：『社会経済史学の誕生と黒正巖』2001年　思文閣出版
単著：『日本農法の天道―現代農業と江戸農書―』2000年　農文協
単著：『日本農法史研究―畑と田の再結合のために―』1997年　農文協
単著：『日本農法の水脈―作りまわしと作りならし―』1996年　農文協
共編：「日本農書全集」第Ⅱ期　全37巻　1993～1997年　農文協
共著：「日本農書全集」第Ⅰ期第10、28、30、35巻　1977～1983年
農文協

歴史と農書に学ぶ

日本農法の心土

まわし・ならし・合わせ

2019年3月30日　第1刷発行

著者　　　徳永　光俊

発行所　一般社団法人　農山漁村文化協会

〒107-8668　東京都港区赤坂7-6-1

電話　03(3585)1142(営業)　03(3585)1144(編集)

FAX　03(3585)3668　振替　00120-3-144478

URL　http://www.ruralnet.or.jp/

ISBN 978-4-540-18183-2

DTP制作／ふきの編集事務所

〈検印廃止〉

印刷／藤原印刷㈱

製本／㈱渋谷文泉閣

定価はカバーに表示

乱丁・落丁本はお取り替えいたします。

農文協図書案内

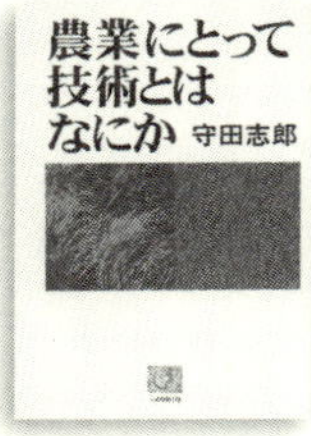

農業にとって技術とはなにか

●守田志郎 著／徳永光俊 解説
1,857 円＋税

農法は土との取り組みにおける人のあり方の理念である。人の欲望を土に向けて放ち、そこに超ええない則をさとることによって人の存在の永劫を得ようとする。技術の成り立つ契機を対象化に見出し、農業には概念としての技術はないと説く。

小農はなぜ強いか

●守田志郎 著／徳永光俊 解説
1,333 円＋税

各国各地域の文化と衝突をくり返しながら「人の値打ち」を小さくしていく地球大の喧噪に、「小農世界」の、小さいがゆえの確かな息づかいを対置した静謐な名著。経済現象に動じにくい小農の強さの秘密を解く。

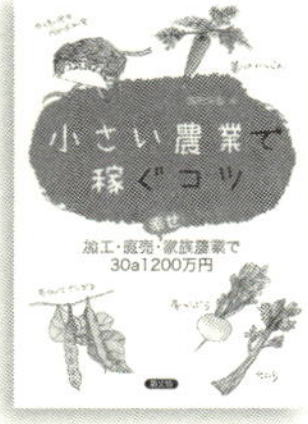

小さい農業で稼ぐコツ

加工・直売・幸せ家族農業で 30a　1200 万円

●西田栄喜 著
1,700 円＋税

著者の西田さんはバーテンダー、ホテルマンを経て、自称日本一小さい専業農家になった人。30a の畑で年間 50 種類以上の野菜を育て、野菜セット・漬物などにして、おもにホームページで販売。一年中切れ目なく収穫する野菜つくり、ムダなく長く売るための漬物・お菓子つくり、自分らしさをアピールする売り方、ファンを増やすつながり方など、小さい農業で稼ぐコツを伝授！
「何でも買う世の中だからこそ、これからは手づくりの知恵を持っている農家がますます羨ましがられる時代になる」というのが著者からのエールである。

かんがえるタネ

食べるとはどういうことか

世界の見方が変わる三つの質問

●藤原辰史 著
1,500 円＋税

著者は人間をチューブに見立てたり、台所や畑を含めて食をとらえるなど、「食べる」ということをめぐって斬新な視点を提供している。現代というのは、じつは、食べる場と作物や動物を育てる場（動物を殺す場も含む）が切り離された社会であることが浮かび上がってくる。それでは未来の食はどうなっていくのか。著者と中高校生の白熱した議論を臨場感たっぷりに再現する。

（価格は改定になることがあります）